D1753520

KRÜGER
STARS

MIT TEXTEN VON MICHAEL LANG

EDITION C

Sebastian Krüger (hier mit Ron Wood und Keith Richards in Berlin), geboren 1963, begann 1986 direkt nach seinem abgebrochenen Studium der Freien Malerei freiberuflich als Karikaturist, Illustrator und Maler zu arbeiten. Mit Erfolg: seine Bilder sind auf den Titelblättern von SPIEGEL, STERN, L'ESPRESSO (Italien) genauso zu sehen, wie auf Satire- und Musikzeitschriften und LP/CD-Covern zahlreicher Rockgruppen.
1984 erschien in der Edition C das Buch KRÜGER'S STONES.
Eine große Werkschau mit rund 200 Originalen wurde 1994 vom renommierten Wilhelm-Busch-Museum in Hannover ausgerichtet und ging anschließend auf Tournee, u. a. nach Berlin, München und Wien.

Michael Lang (*1949) lebt in Zürich und arbeitet als Publizist für diverse Printmedien sowie das Schweizer Fernsehen SF DRS.

© 1997 by Edition C
Edition Crocodile AG, P. O. Box 4031, CH-6304 Zug, Switzerland, Fax (++4 11) 462 01 12
For information, address the Publishers: Peter Baumann and Dieter Schwalm

Distributed by Lappan Verlag GmbH, P. O. Box 3407, D-26024 Oldenburg, Germany, Fax (++49 - 441) 9 80 66 22

Text: Michael Lang
Layout: Peter Baumann und Dieter Schwalm
Covergestaltung: Christian Sonnhoff

Reproductions: litho niemann + m. steggemann gmbh, D-Oldenburg
Printed in Hong Kong

All rights reserved. No part of this book may be reproduced or transmitted in any form or by any means, electronic or mechanical, including photocopy, recording or any information storage and retrieval system, without permission in writing from the Artist directly or via the Publisher, except by a review who may quote up to three pictures in a critical article or review to be printed in a magazine or newspaper or electronically transmitted on radio or television.

First edition: September 1997

ISBN 3-89082-730-6

Contact Sebastian Krüger: Eickstaedt@t-online.de

Destination KrügerPark

Marilyn Monroe und ihre unheile Fragilität, Wyatt Earps revolverheldenhafte Schlauheit, Jamie Lee Curtis' androgyne Kumpelsexualität oder Ronnie Woods stein-saitiger Rockcharme. Alles hat Raum, Platz, Sinn im wellendurchfluteten Erlebnisuniversum des Sebastian Krüger.

Was ihn endlos fasziniert, sind die Landschaften, Bergwerke, Steinbrüche in Gesichtern. Und hinter allen Gesichtern die Geschichten, die Falten werfen, Grübchen bilden, Narben reißen, Insignien der Physiognomie geworden sind. Abtragen will der vielträumende Künstler Schicht um Schicht der Objekte seiner diversen Begierden, er malt sich in sie hinein, auch auf der Suche nach sich selbst. »Ich bin sehr sensibel, launisch, ängstlich und kann doch sehr mutig sein. Manchmal bin ich aggressiv oder melancholisch. Dann muß ich Franz Schubert malen oder Marilyn. Die Einsame und Tragische. In meinen Bildern ist alles von mir drin, auch mein spezieller Humor. Mehr habe ich nicht zu bieten!«

Skizziert wird immer weniger in Krügers Atelier. Gemalt wird also, oft ohne Entwurf, und übermalt und verändert und verworfen. Das Definitive, Perfekte, Sterile zu schaffen ist nicht primär das Ziel. Was ihn spannend dünkt, ist die lustvolle – und energische – Suche nach dem Weg zur unvollendbaren Vollkommenheit. Krügers persönlichste Ikone ist der Gitarrist Keith Richards, die Aorta, der Spiritus rector der »Rolling Stones«. Keith, diesen wohlbekannten Unbekannten, hat er mittlerweile schon dutzendfach porträtiert. Und hat ihn, besonders seit er ihn persönlich kennt, immer noch nicht im Griff: »Keith hat ein Gesicht, bei dem ich sofort anfing, es zu verzerren. Aber je öfter ich es male, um so realistischer werde ich. Die Nase schiebt sich wieder in die richtige Form zurück, der Mund wird schmaler. Anfangs habe ich gedacht, nichts könnte mich an Keith überraschen, aber da kannte ich seine Freundlichkeit, seinen Humor noch nicht. Man muß also einen bestimmten Ausdruck in sein Gesicht hineinzaubern. Aber das funktioniert über die Karikatur nicht.«

Das runenhafte Exempel zeigt den ganzen Krüger. Er ist kein penibler Fotorealist, der sich nur ein einziges, kühles Bild machen will von seinem Visavis. Was ihn an- und umtreibt, auf eine erotisierende Weise anmacht, ist der intellektuell-emotionale Drang zum Aufspüren des Kantigen, Eckigen, Sperrigen. Der Blueser Robert Johnson, der Countrymann Hank Williams, die Antidiva Bette Davis, der Flaggenmaler Jasper Johns und auserwählte andere bieten sich als Herausforderung geradezu an. Frauen, Männer also, die mit den Launen eines wechselhaften Lebensschicksals jongliert haben. Und mehr noch von ihm jongliert worden sind.

Der Synästhetiker Krüger läßt sich couragiert in diese Welten fallen, verbindet Gehörtes, Gelesenes, Gesehenes, Erlebtes mit seiner Intuition, mit dem feinen Gespür und dem Wissen um die Wirkung von Farbmagie, Formenkraft. Und komponiert eigenwillig, ohne den schönfärberischen Hang zum schwärmerischen Idealisieren oder zum spöttischen Überzeichnen. Daß dem gebürtigen Sohn aus der Rattenfängerstadt Hameln der ewige Schwerenöter Donald Duck näher am wilden Herzen quakt als der kauzige Goofy oder die sauberere Mickey Mouse, daß ihm der düstere Batman hochkarätiger ist als der geschliffene Superman, daß ihm der elegante Delphin weniger entspricht als die unflätig verachtete Spezies der Haie, das darf nun nicht mehr verwundern. »Ich würde mich jederzeit dem Buckligen zuwenden, demjenigen, der ein Bein nachzieht, dem mit dem Glasauge, dem mit den schiefen Zähnen. Das sind Lebewesen, die mir etwas zu erzählen haben.« Und die Vögel auch: »Gäbe es sie nicht mehr, dann müßte ich mir eine Kugel durch den Kopf schießen.«

Wer von Krüger ein Format zugewiesen erhält und bebildert wird, inspiriert als atmendes Abbild mit überraschenden Biographiefetzen

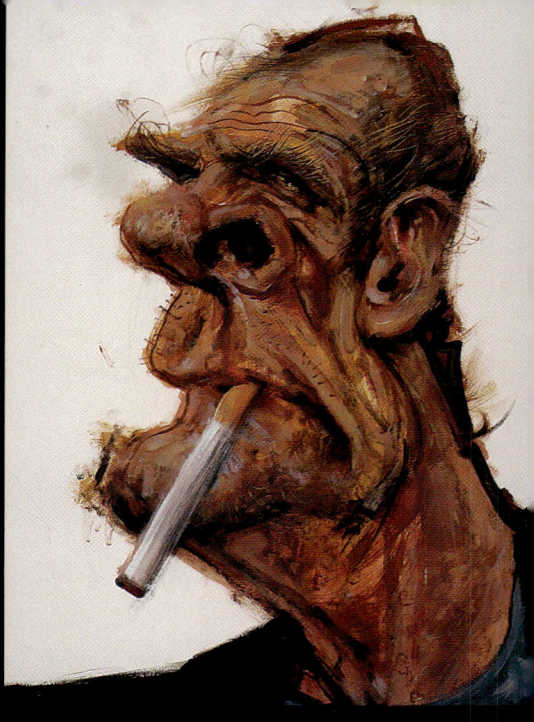

Sebastian Krüger, Selbstporträt, 1995

zu Wahrnehmungsrätseln, die es flugs zu entschlüsseln gilt. Er könne alles malen, was er malen wolle, sagt Krüger, die Frage sei bloß wie. Die Anmerkung verweist auf berechtigtes Selbstbewußtsein ebenso wie auf die Absenz von Arroganz und vor allem auf eine ganze Menge Schalk.

»Stars« ist eine Kollektion, eine Hommage an leidenschaftliche Seelen, an glühende Herzen geworden. Allesamt sind es PopRockArtSprachZelluloidEngel, von einem »konservativen Anarchisten« freiheitlich dressiert. Und mit größtem Respekt dazu. »Vor lauter Film-Bäumen sehen viele von uns den Wald des Lebens nicht mehr«, sagte Citizen Orson Welles. Sebastian Krügers Porträts bilden kein undurchdringliches Dickicht, sondern eine subjektive und universale Kollektion von Ikonen der Populärkultur. Und sie erhellen den Lebenswald des 20. Jahrhunderts. Jedes Bild entlockt der Legende neue Wahrheiten, spiegelt einen Mythos, zeigt einen markanten Kopf, verweist auf ein leidenschaftliches Herz und eine glühende Seele. Alle zusammen bilden das Krügersche Pop-Elysium der swingenden Engel. Ihre Flügel sind oft zerfleddert und angesengt. Doch gestutzt sind sie nie.

Michael Lang

Jack-In-The-Box

Die Augenbraue hochgeklappt, und schon grinst die Männersünde. Nicholson ist der eigenwilligste unter allen Exzentrikern des Kinos, ein Mimengigolo von Format. Er weiß, wie man das Publikum an den Rand des Nervenzusammenbruchs führt, denn was immer die Fantasie einem Charakter an Freakvolumen zutraut, richtet Jack ein. Routiniert, griffig, selbstironisch wie alle wahren Clowns. Seit er 1969 als versoffener Anwalt in »Easy Rider« auf dem Sozius Platz nahm, gilt er als Gardemaß für jede Interpretation eines Schlawiners mit Psychoknacks. »One Flew over the Cuckoo's Nest«, »The Shining«, »Professione Reporter«, »Missouri Breaks«, »Mars Attacks!«, »Batman«. Er ist »Joker« aus Passion, ihm kann schlicht nichts Menschliches fremd sein. Und das Allzumenschliche schon gar nicht. Dabei dauerte es seine Zeit, bis er aus dem Tal der Durchschnittlichkeit ins Rampenlicht trat. Die Jugend war kein Zuckerlecken, lange hangelte er sich durch Billigstfilme, als die echte Karriere begann, war er schon 32. Doch das war gut, denn man sah ihm an, daß er verdammt viel hinter sich hatte und noch mehr im Sinn. In vielen Sümpfen hat er sich gesuhlt, im Suff, im Kabarett gefährlicher Liebschaften. Hollywood hat ihn dennoch groß werden lassen, nur zähmen konnte es ihn nie. Der Bursche ist halt unersetzlich, und sein Kollege Robin Williams sagt mit Respekt: »Es gibt Jack, und es gibt den Rest von uns.« Yeah!

Jack Nicholson
* Neptune, New Jersey, USA. 22. April 1937.

Jack Nicholson, 1993, 100 x 70 cm

Bogieman

Starkomet, Maskulinromantiker, GoodBadGuy. Er war Rick in »Casablanca« und die Tränen in Ingrid Bergmans Augen: »Here's looking at you, Kid.« Auf Zelluloid diente Bogart scharfsinnig als die Detektive Marlowe & Sam Spade und im wahren 1. Weltkrieg in der US-Navy. Von einem Granatsplitter wurde er an der Oberlippe verwundet, davon blieb das sinnliche Lispeln, der traurige Zynismus wie ins Antlitz gemeißelt. Seine größte Liebestat: die Heirat mit dem Fotomodell Lauren Bacall. Mit ihr zusammen drehte Bogie zwei Filme für die Insel: »To Have and Have Not«, »The Big Sleep«. Mister Rauhbein und Betty »The Look«, noch immer das Hollywood-Dreamteam schlechthin. 1952 bekam er für »The African Queen« den »Oscar«. Eine Legende ist er längst, ein Filmriese auf Plateausohlen mit Trenchcoat. Die immerglimmende Zigarette wurde zum Zepter, der frivole Griff ans Ohrläppchen zum wohlbekannten Geheimsignal. Ein Mann war er, und das total. »The »Maltese Falcon«, »Dark Passage«, »The Treasure of the Sierra Madre«. Doch Alkoholpromille und die Krebskrankheit höhlten ihn aus. Angezählt stand er die letzte Rolle im Boxerdrama »The Harder They Fall« noch durch wie ein ganzer Kerl, dann fiel er aus dem Leben. Aber Sam, der Pianomann aus »Casablanca«, spielt das Lied immer wieder: »As time goes by.«

Humphrey DeForest Bogart, genannt
Humphrey Bogart
* New York, USA. 23. Januar 1899.
† Beverly Hills, USA. 14. Januar 1957.

Humphrey Bogart, 1996, 100 x 70 cm

Lady Madonna

Sie ist die Langstreckenjoggerfrau auf der sündigen Meile des Trivialpop, »Like a Virgin«. Sie war Ballettratte, Schlagzeugerin, im Szenenfilm »Desperately Seeking Susan« eine Hippieschlampe mit Pfiff, Entertainerin im Fummel, mit Lollipop und Brachialerotik. 1985 zierte sie das Cover von »Time« und ehelichte den Filmrebellen Sean Penn: »The coolest guy in the Universe.« Bald war auch diese Passion erkaltet. Madonna verwandelte sich in Marilyn, nach dem Motto »Blonde, Fun and Rock 'n' Roll.« Sie ist das »Material Girl«, will alles immer sofort und lüftete zuweilen alle Schleier, »Penthouse« und »Playboy«. Es unkte die schnippische Starzunge Bette Midler: »Madonna ist eine Frau, die sich an den eigenen BH-Trägern hochzieht!« Crazy Madonna, aber ganz moderne Frau und voll emanzipiert: »Papa Don't Preach«. Sie verkauft sich optimal, mit den richtigen Instrumenten. Gestylt wird sie nur von ihresgleichen, etwa von Jean Paul Gaultier. Und jede Provokation kommt ihr zupaß, sonst hätte nicht einst ein US-Bischof vom Papst ihre Exkommunizierung erbeten. Im Dokumentarfilm »In Bed with Madonna« hat sie, schlau wie gehabt, immer alles versprochen und fast nichts verraten. Im Filmmusical »Evita« singt sie »Don't Cry for Me, Argentina« so, als wäre sie Eva Peron. Von ihrem Fitneßtrainer hat sie sich eine Tochter zeugen lassen. Sie heißt Lourdes, und die Mama ist die zweite Madonna mit Kind.

Madonna Louise Veronica Ciccone,
genannt ### Madonna
* Bay City, Minnesota, USA. 16. August 1958.

Madonna, 1991, 70 x 50 cm

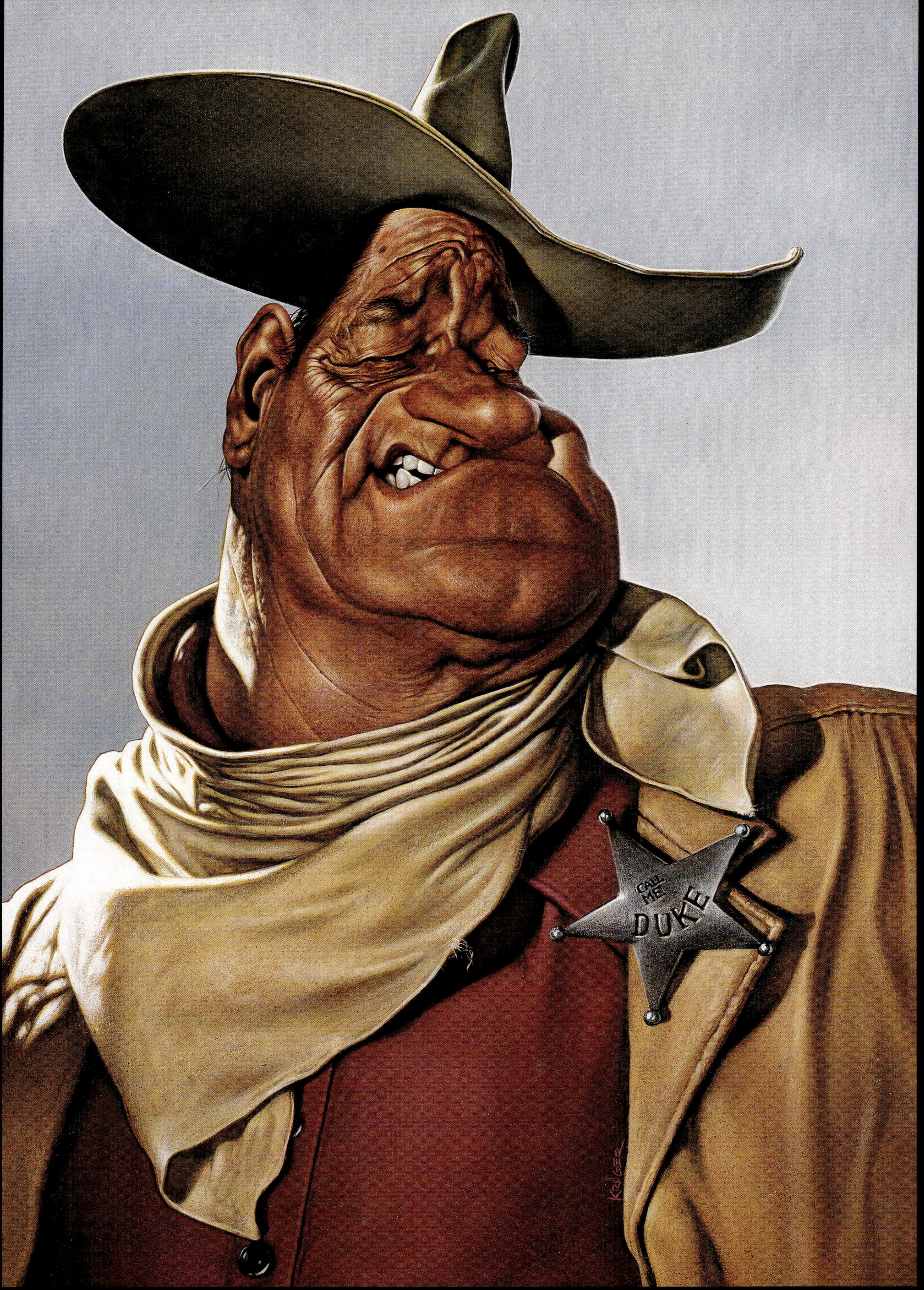
CALL ME
DUKE

KRÜGER

»When the legend becomes fact...«

In John Fords »The Man Who Shot Liberty Valance« sagt ein Zeitungsverleger: »When the legend becomes fact, print the legend.« Zum Beispiel die von Wyatt Earp, der sich vom Pferdedieb zum zwittrigen Auge des Gesetzes mauserte und berühmte Kinonachkommen zeugte: Walter Huston, Randolph Scott, Joel McCrea, James Garner, Burt Lancaster, Kurt Russell, Kevin Costner. Und den nobelsten von allen, Henry Fonda in »My Darling Clementine«. Die Climax der Earp-Saga bildet das Duell vom 26.Oktober 1881 in Tombstone, beim »OK-Corral«. Die Protagonisten: Die Earp-Brüder Wyatt, Virgil und Morgan sowie der tuberkulöse Ex-Zahnarzt und Gambler »Doc« Holliday. Die Antagonisten, teilweise unbewaffnet: Ike und Billy Clanton, Tom und Frank McLowery, Billy Claiborne. Die Earps eröffneten das Feuer, 17 Schüsse fielen in dreißig langen Sekunden. Die Bilanz: Tom und Frank McLowery tot, Billy Clanton tödlich verletzt, die andern auf der Flucht. Bei den Earps sind nur Virgil und Morgan verwundet. Beiderseits wurde in den folgenden Jahren ein Rachefeldzug geführt, Blut vergossen für noch mehr Mythen des Wilden Westens. Wyatt Earp personifiziert sie wie keiner sonst, und er hat es genossen. 1896 trat der Rentnerpistolero in einem Dokumentarfilm als Box-Referee auf, befreundete Filmgrößen wie John Ford hat er mit ausgeschmückten Wahrheiten versorgt, und seinen Sarg half Tom Mix tragen – ein Western-Filmheld mit Platzpatronen.

Wyatt Earp
* Monmouth, Illinois, USA. 1848.
† Los Angeles, USA. 13. Januar 1929.

Feo, Fuerte y formal

Mehr als 150mal hat er sich selbst gespielt, am allerschönsten in Leinwand-Delikatessen von John Ford und Howard Hawks: »Stagecoach«, »Red River«, »She Wore a Yellow Ribbon«, »Rio Grande«, »The Quiet Man«, »The Searchers«, »Rio Bravo«, »The Man Who Shot Liberty Valance«. Westernklassiker. Der andere Wayne führte im Bibelepos »The Greatest Story Ever Told« Jesus Christus würdig zum Kreuz, und als Regisseur des hurrapatriotischen Vietnam-Dramas »The Green Berets« wurde er zum beispiellosen Reaktionär gestempelt. Er war unbequem, kantig, starrsinnig patriotisch und voller Widersprüche. Ausgerechnet vor Pferden hat er sich gefürchtet und ließ sich dennoch, schon schwerkrank, per Kran in die Sättel heben. Sein Biograph Garry Wills: »John Wayne is a fictive hero. Very large, very mythic – but a hero of imagination.« Zum letzten Kinoshowdown in »The Shootist« fährt er mit der Straßenbahn und wird hinterrücks erschossen. Damals hatte er auch den Kampf gegen »The Big C«, den Krebs, bereits verloren. Aber dem wahren Tod schaute er voll ins Auge. Im Januar 1979 wurde sein Magen entfernt, im April ließ er sich an der »Oscar«-Verleihung in Los Angeles noch einmal feiern. Seine Grabinschrift hatte er da längst ausgewählt: »Feo, Fuerte y formal« – »Er war häßlich, er war stark, und er hatte Würde«.

Marion Michael Morrison, genannt

John Wayne
* Winterset, Iowa, USA. 26. Mai 1907.
† Los Angeles, USA. 11. Juni 1979.

Lone Star

Auf Rosen gebettet waren die Eastwoods nie. Der Vater arbeitete auf den Ölfeldern, die Familie zog von Ort zu Ort. 1951 rückte Sohn Clint zum Militär ein, diente als Schwimmlehrer, studierte kurzzeitig in Los Angeles Ökonomie, träumte von einer Laufbahn beim Film, landete aber vorerst in 217 Folgen der TV-Westernserie »Rawhide«. Doch 1964 zeigte sich ausgerechnet in Europa, aus welchem Holz der Hagere geschnitzt war. Die Italowestern-Trilogie »Per un pugno di dollari«, »Per qualche dollaro in più« und »Il Buono, il Brutto, il Cattivo« von Sergio Leone wurde für den 193-Zentimeter-Mann zur Startrampe für den Flug in den Olymp des Kinos. Er war der Mann ohne Namen, zynisch, mystisch, den Zigarillo zwischen den gefährlich schmalen Lippen und mit dem Revolver quicker als sein Schatten. Retour in Hollywood machte er in Thrillern, Kriegsfilmen, Western etwas her und Kasse. In seinem kalifornischen Wohnort Carmel-by-the-Sea amtete er zeitweise gar als Bürgermeister. Doch in den Zenit gerückt ist Eastwood als Regisseur. Sensibel hat er etwa dem Jazzheiligen Charlie Parker in »Bird« gehuldigt oder dem Regie-Mephisto John Huston in »White Hunter, Black Heart«. 1992 dann hat er sich mit dem Endzeitwestern »Unforgiven« eine Pyramide des Unvergänglichen errichtet.

Clinton Eastwood, genannt

Clint Eastwood
* San Francisco, USA. 31. Mai 1930.

Wyatt Earp, 1997, 100 x 70 cm

John Wayne, 1997, 100 x 65 cm

Clint Eastwood, 1997, 100 x 70 cm

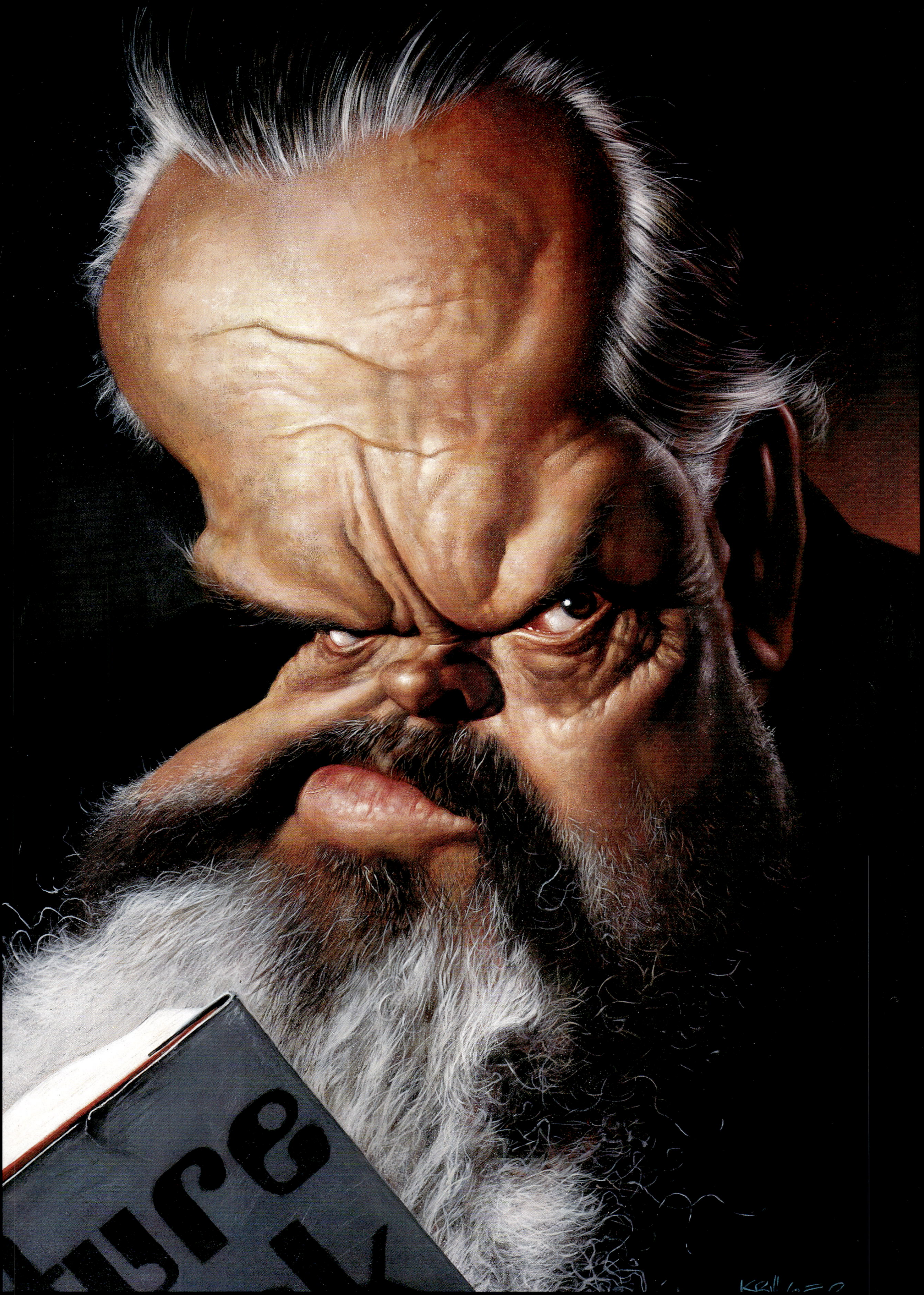

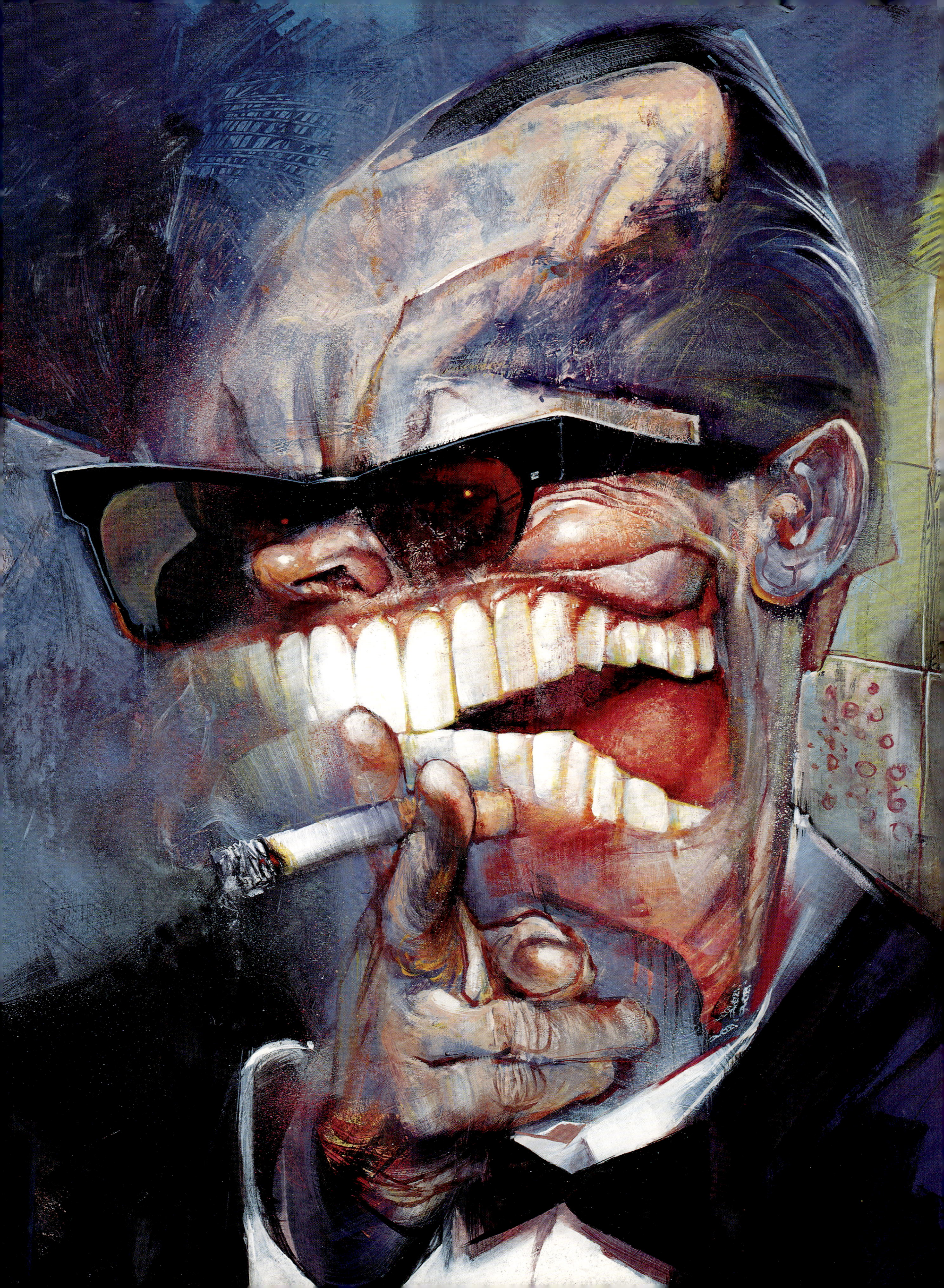

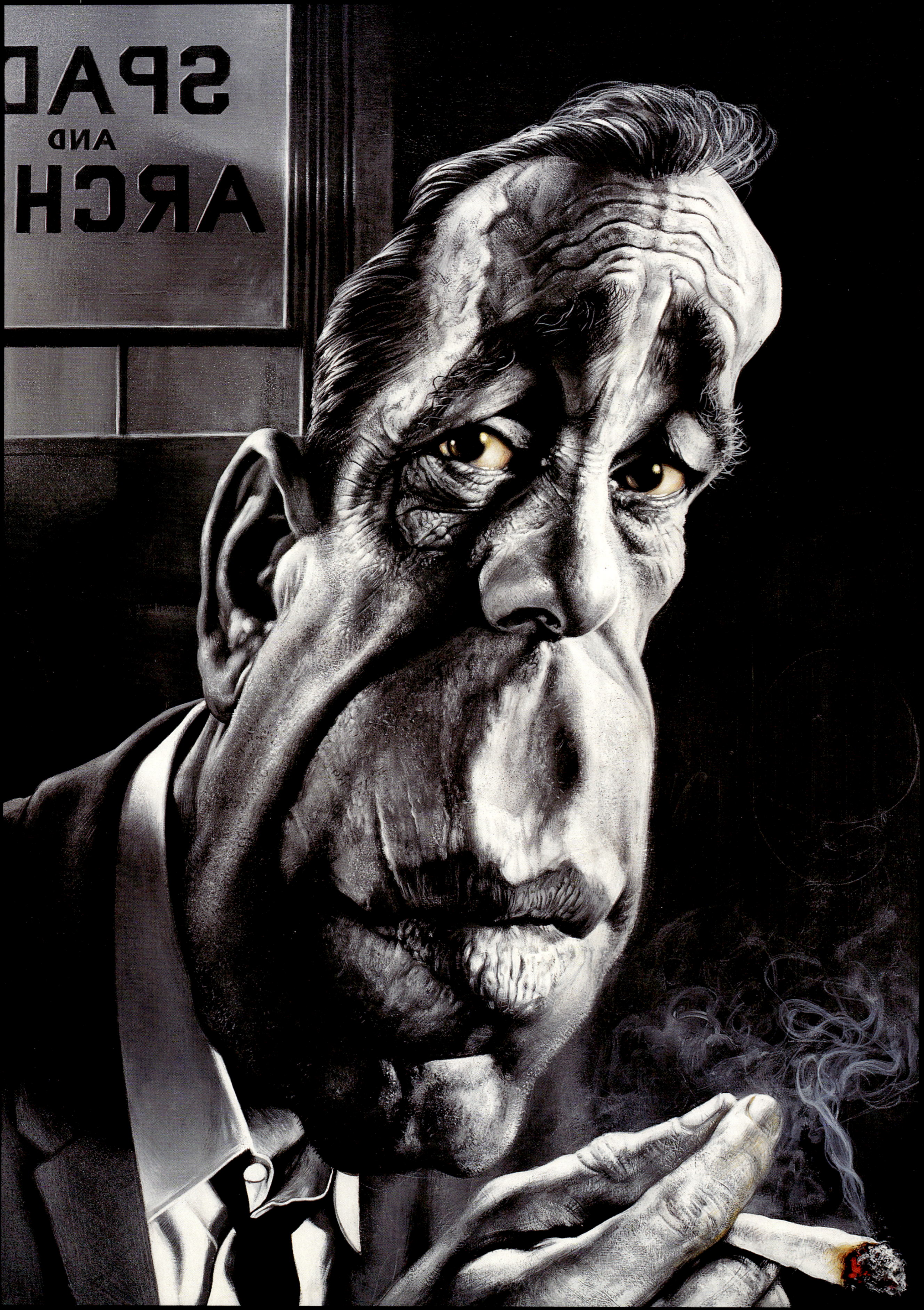
SPAD
AND
ARCH

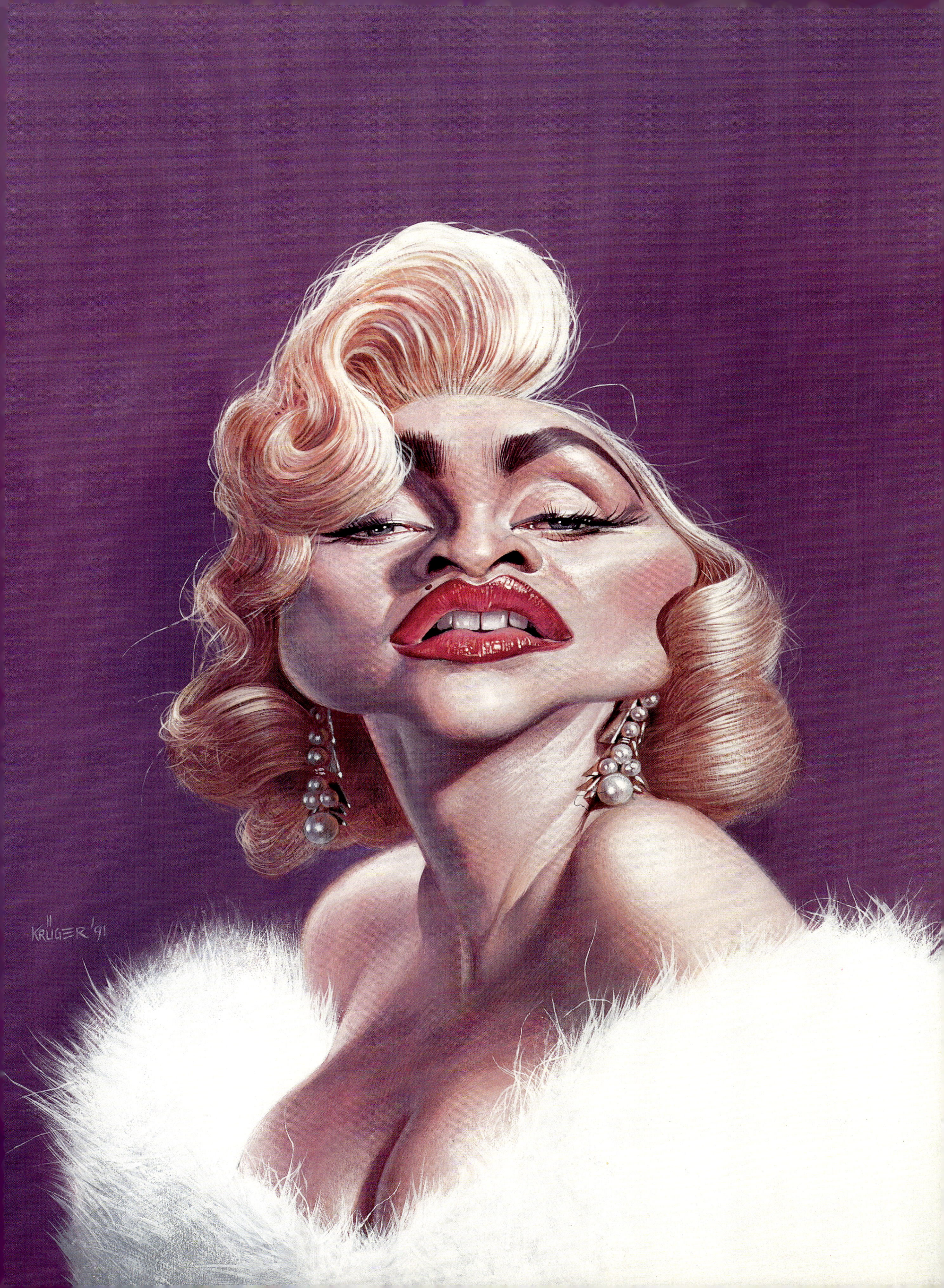
KRÜGER '91

Fallen Angel

Flotte Sause als Seinselixier, im silbergrauen Porsche 550 Spyder on the road again. Aber der Tod hat Vorfahrt, an jenem 29. September kurz nach Sonnenuntergang, in Southern California. An der Kreuzung der Highways 466 und 41 kommt es zum Crash mit dem Studenten Donald Turnupseed. Der überlebt, wie Deans Beifahrer Rolf Wütherich auch. Der Jungstar, der Quäkersohn indessen zermalmt. Nur noch Makulatur sind die weißen T-Shirts, die Bluejeans, die tolle Tolle. Der kurzsichtige Teenager-Rebell mit den Segelohren, zerschmettert. Doch aus Trümmern wachsen die wahren Legenden, biblisch hoch. Das Phänomen Dean. 1952 Unterricht am New York Actors Studio, mit Brandos Glanz vor Augen und Gary Coopers Lakonie im Sinn. Gut eingesetzt ist Deans wissend-schüchterne Attitüde, wohlgefällig sein melancholisch entrückter Blick, sinnlich der Klang der quälend schleppend gesetzten Worte. »Rebel Without a Cause«, »East of Eden«, posthum noch »Giant«; diese drei Filme bilden das Denkmal in Zelluloid. James der Märtyrer, schillerndes Charisma in der Zwischenzone von versengter Jungenleidenschaft und fataler Furcht vor Männlichkeit. Jimmy, ein Idol ohne seinesgleichen. Neurotisch, narzißtisch, ehrgeizig, bisexuell, selbstgefällig, rehfragil. Hochbegabt also für den glamourösen American Dream und magnetisch zynisch: »Drive safely because the life you save may be mine.«

James Byron Dean, genannt
James Dean

* Marion, Ohio, USA. 8. Februar 1931.
† On his way to Salinas, California. 30. September 1955.

Narziß und Erdbeermund

Der Irrsinn des Mimen hat seit ihm ein Modellgesicht, der Narzißmus hat einen Namen: Kinski. Er war Mister Düsternis in vielen Edgar-Wallace-Filmen, der ausufernde Rezitator von Rimbaud, Villon und Jesus Christus. Und der rotzige Ballermann in etlichen Italowestern, »Il grande silenzio«. Er galt als Reizfigur an sich, als Nervenfräse, als Alptraum für alle, die ihn nicht so annahmen, wie er vor sich sein mußte. Jeder Blick war ein Strahl Wollust, jedes Zucken seiner Mundwinkel eine Blasphemie. Er war der attraktivste Häßliche der Filmszene, seine wollüstigste Obsession war die Selbstdarstellung. Er träumte vom unendlichen Orgasmus und von der Allmacht der Liebe. Er war dauerräuschig von tausend Sexkapaden, die er in der spermientropfenden Autobiographie »Ich bin wild nach deinem Erdbeermund« obszön in die Potenz setzte. Er stammte aus dem heutigen Polen, war Hitlerjunge in Holland, Deserteur und britischer Kriegsgefangener. Und vor allem ein hochsensibler Darstellervirtuose, oft verkannt und doch genial, »Aguirre – Der Zorn Gottes«, »Nosferatu«, »Paganini«, «Woyzeck«.

Nikolaus Günther Nakszynski,
genannt **Klaus Kinski**

* Zoppot bei Danzig. 18. Oktober 1926
† Lagunitas, Kalifornien, USA. 23. Nov. 1991.

Servus Hollywood

Er ist der Polizistensohn aus Austria, gar nicht dumm und ganz schön stark. Pumpte die Muskeln zu Eisen auf, weil er nicht Fußballer werden wollte, sondern Bodybuilder. Wurde »Mr. Europe« der Junioren, flog 1968 nach USA, war »Mister Universum« und »Mister Olympia«. Dann der Rücktritt vom Kraftbolzen, ungeschlagen, und voll hineingestemmt den Körper in die Gefilde von Hollywood. »Conan the Barbarian«, »Conan the Destroyer«, und 1984 das Triumphstück »The Terminator«. Arnie ist der Koloß von Rhodos, aber im Kino. Längst ist der Kraftmeier aus Graz amerikanischer Bürger, verheiratet mit einer Nichte des Präsidentenmärtyrers John F. Kennedy. Arnie, der amerikanische Traum mit Muckis, der alle Kassen sprengt. Seine Entrées sind explosiv wie Dynamit, Zigarren schmaucht er wie ein Schlot und darf doch als Fitneß-Botschafter im Weißen Haus stolzieren. Er ist global populär und Kraftsack aus Überzeugung: »Ich bin ein Süchtiger, ein Fitneß-Fanatiker. Wenn ich trainiere, wirkt sich das sofort auf mein Gehirn aus, auf meine Laune, mein Wohlergehen.«

Arnold Schwarzenegger
* Graz, Österreich. 30. Juli 1947.

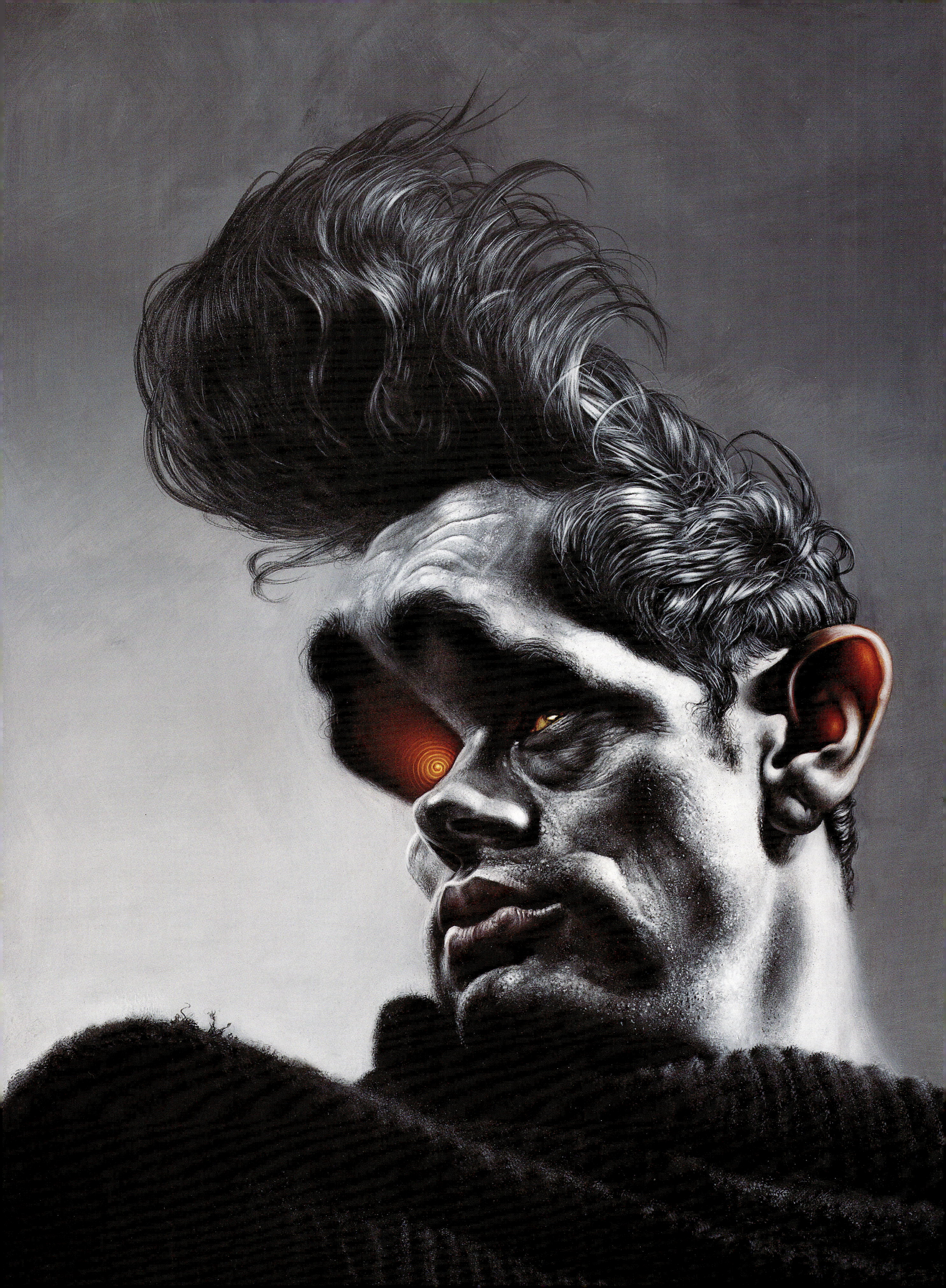

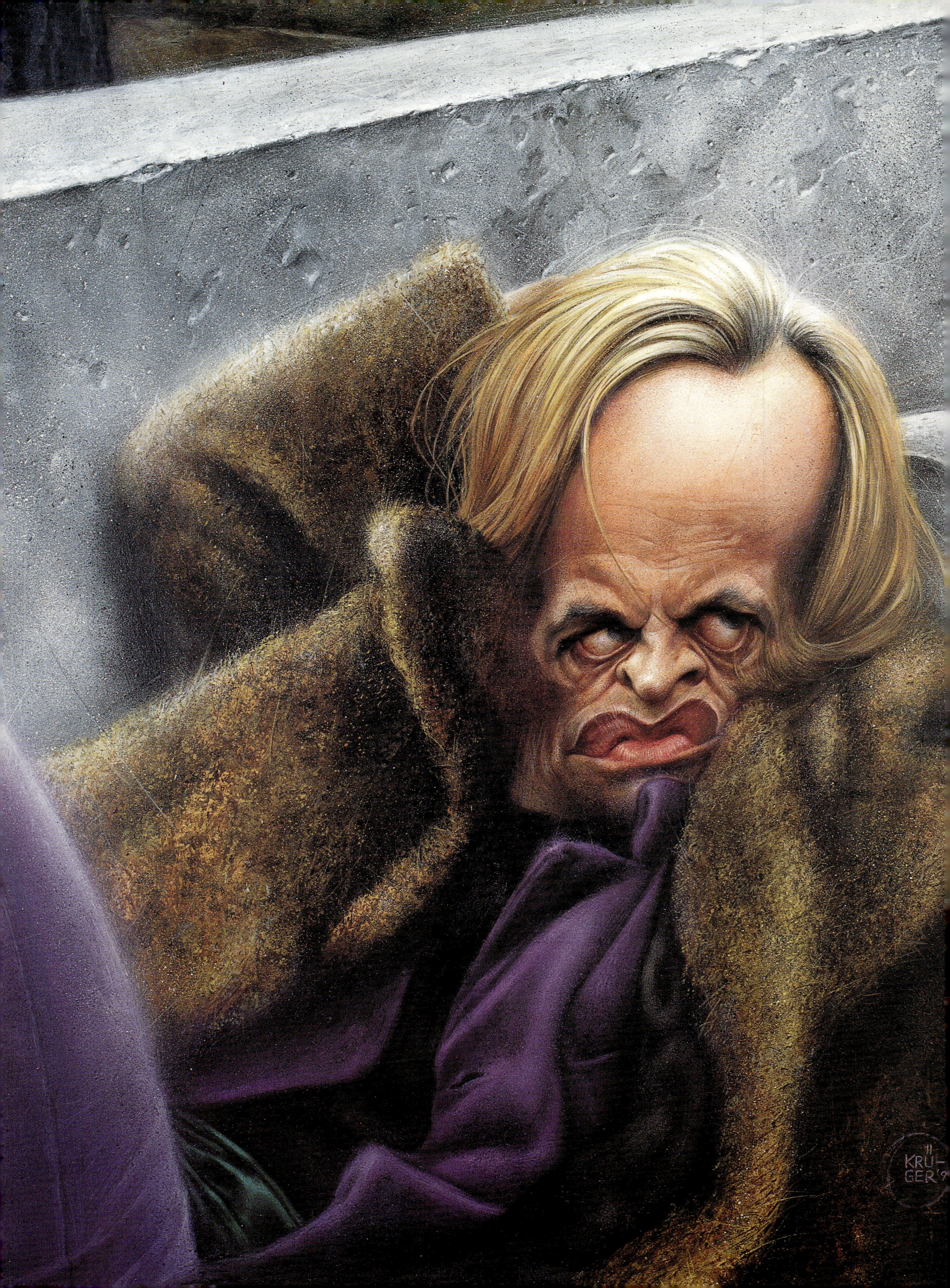
KRÜ-
GER '9

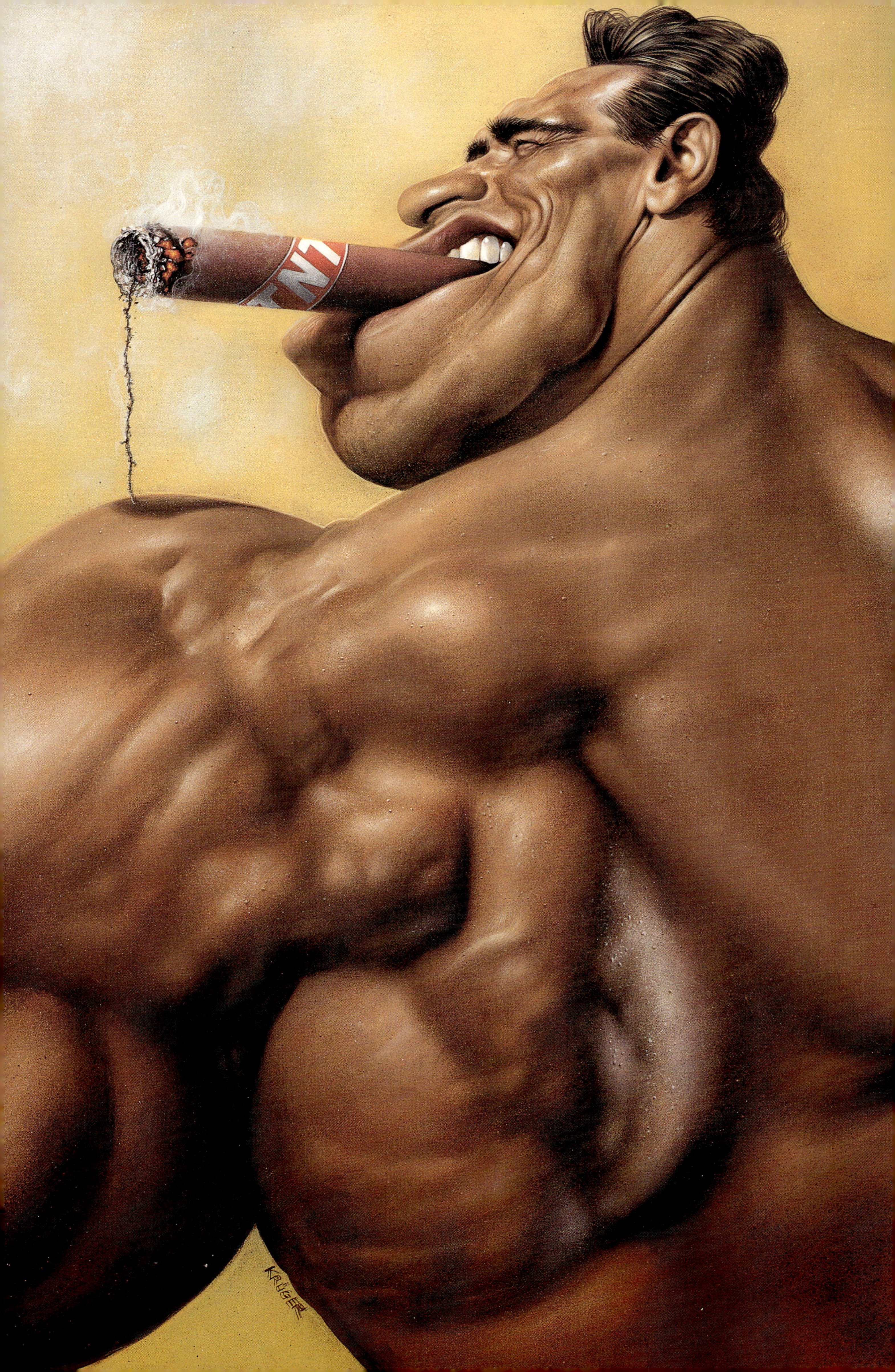
KRÜGER

Bob De Chameleon

In seinen Adern fließt New Yorker Blut, im Herzen aber brodelt Little Italy. Er war Marlon Brandos Erbe in »The Godfather II«, der rasend wütende Boxerstier Jake La Motta in »Raging Bull«, Frankensteins Monster bei Kenneth Branagh, der seelenschrundige Vietnamveteran in »The Deer Hunter« und der junge italienische Großgrundbesitzer in Bernardo Bertoluccis »1900«. Mit Damen hat er es auf der Leinwand seltener, aber wenn, dann immer richtig schön. Wie mit Meryl Streep in der Herz-Schmerz-Romanze »Falling in Love« oder satanisch mit Juliette Lewis im Horrorthriller »Cape Fear«. Seit er als Travis Bickle in »Taxi Driver« dem urbanen Wahnsinn eine Fratze verpaßt hat, ist er nur noch sein eigener Maßstab. Der publicityscheue ist Spieler, Schauspieler, Schauerspieler und am allerbesten dann, wenn er die kreativen Schübe seines Männerfreundes Martin Scorsese mit Bravour umsetzt: »Mean Streets«, »Good Fellas«, »Casino«. De Niro glänzt, weil er immer sich selbst handfest ins Bild rückt und doch nur eine Rolle spielt. Er ist der Stoff, aus dem Stars sind.

Robert De Niro
* New York, USA. 17. August 1943.

Who Killed Norma Jean?

Mama schizophren, die väterliche Identität ein Fragezeichen. Aufgewachsen im Waisenhaus und bei Pflegeeltern. 1942 Heirat mit einem Flugzeugbauer, Arbeiterin in einer Fallschirmfabrik. 1944 Fotomodell, Mannequin. 1946 Umbenennung in Marilyn Monroe. 1947 erste Filmrolle, Material landet im Abfallkorb. 1949 »Love Happy« mit Groucho Marx. 1952 »Clash by Night« von Fritz Lang. 1953 »Niagara« und »Gentlemen Prefer Blondes«. Am 14.Januar 1954 Heirat mit dem Baseballstar Joe DiMaggio und Scheidung am 27. Oktober. 1955 »The Seven Year Itch«, Liebschaft mit dem Dramatiker Arthur Miller, Übertritt zum Judentum, Heirat, Fehlgeburten. 1959 Marilyns Meisterstück, »Some Like it Hot«. 1960 psychiatrische Behandlungen. Dreharbeiten zu »The Misfits« mit ihrem größten Idol, Clark Gable. Er stirbt kurz vor der Filmpremiere, am 16. November 1960. 1961 Scheidung von Arthur Miller, Gallenoperation. 1962 neue Beziehung mit Joe DiMaggio. Auf der Geburtstagsparty singt sie für Präsident John F. Kennedy, am 5. August wird sie tot aufgefunden. Selbstmord, Mord? Ihre (geheimen) Geliebten John F. und Robert Kennedy haben die Antwort mit ins Grab genommen, aber die Magie bleibt MM – zerbrochene Venus, die vom Leben nur eines forderte: »A right to twinkle!«

Norma Jean(e) Mortenson (Baker), genannt ### Marilyn Monroe
* Los Angeles, USA. 1. Juni 1926.
† Los Angeles, USA. 5. August 1962.

Le tourbillon

Leichtfüßig hat er als schwergewichtiger Filmkolumbus Amerika neu entdeckt, Monsieur Gérard, der Eroberer. Weit unten hat er seinen Sturmlauf zum Kinoolymp begonnen. In der Provinz war er schon mit 12 Jahren unterwegs, auf dem Pfad der Hiebe und Triebe. Er ist ein Glücksritter von der seltsamen Gestalt. Sein Äußeres ist eine permanente Provokation, vom Scheitel bis zur Sohle. Doch wenn er lacht, dann errötet die Sonne, wenn er redet, fließen die Verse honigsüß. Er ist der Mann, der die Frauen liebt. Fanny Ardant, Cathérine Deneuve, Isabelle Adjani, Miou-Miou, Carole Bouquet. Und er ist der Mann, den die Frauen lieben. Er gilt als Arbeitstier, unersättlich, couragiert, voller Disziplin. In den Arenen der Schauspielerei kämpft er magistral, ohne Allüren und ohne Scheu vor kleinen Rollen. Er ist der Bürgerkönig des Franzosenfilms, und seine Untertanen verehren ihn wie einst Jean Gabin. Gérard ist der sanfte Gigant, der virtuose, sinnliche Tänzer auf der Klaviatur aller Emotionen. »Les Valseuses«, »1900«, »Le dernier Métro«, »L'affaire Danton«, »Tenue de soirée«, »Cyrano de Bergerac«. So kann nur das wahre Leben im Kino noch größer machen, wer vom Wein des Lebens trunken ist.

Gérard Depardieu
* Châteauroux, Frankreich. 27. Dez. 1948.

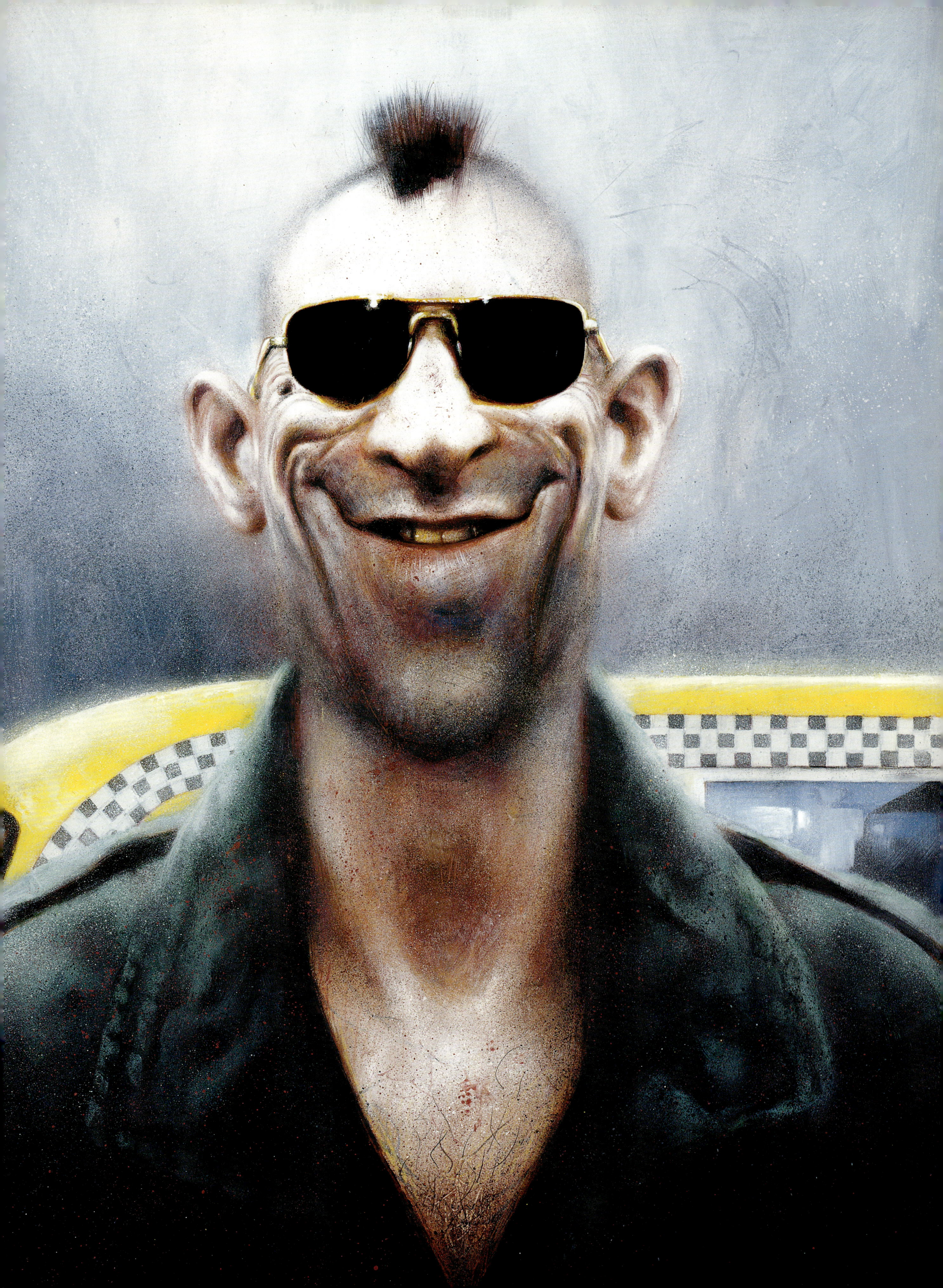

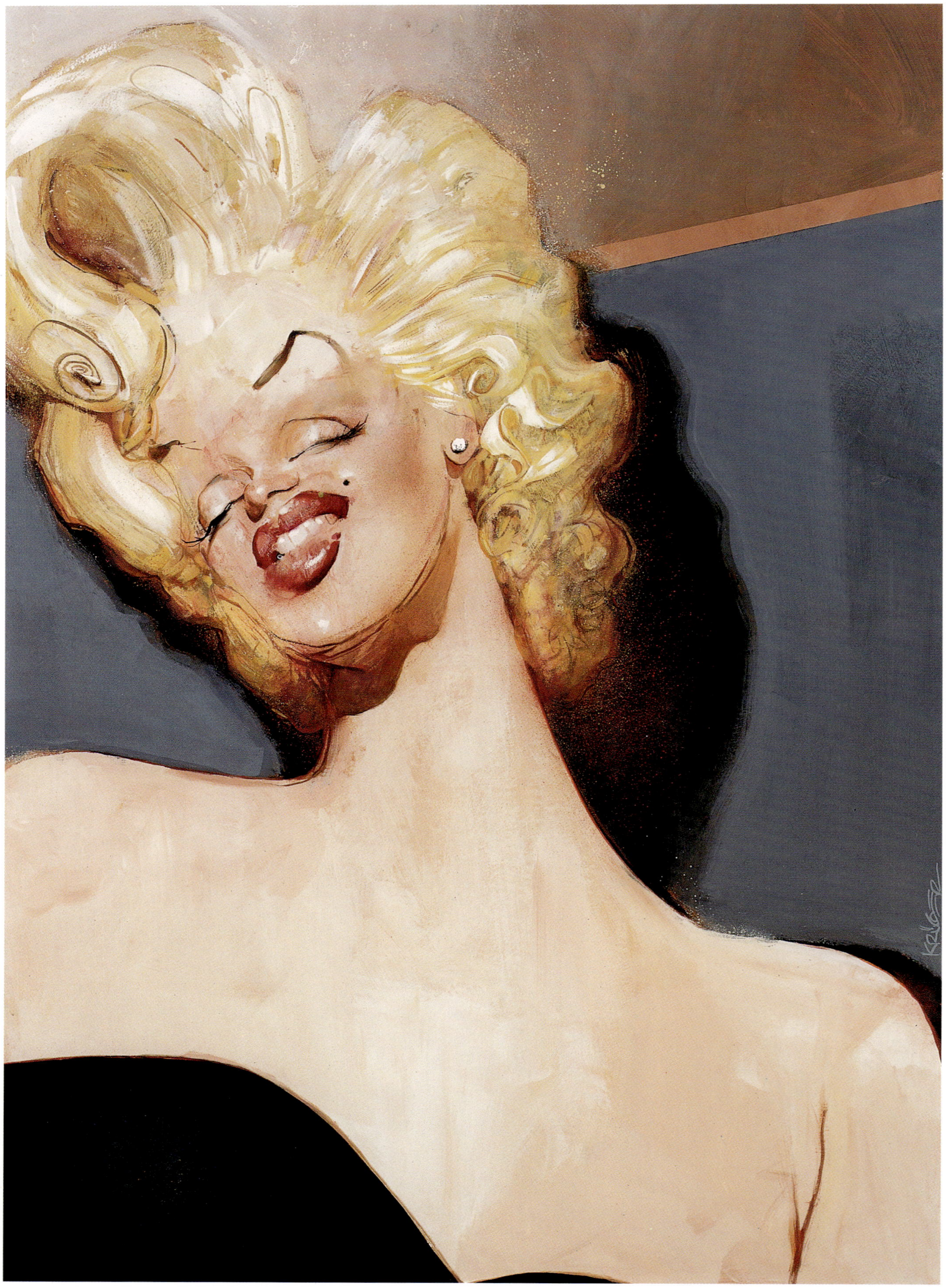

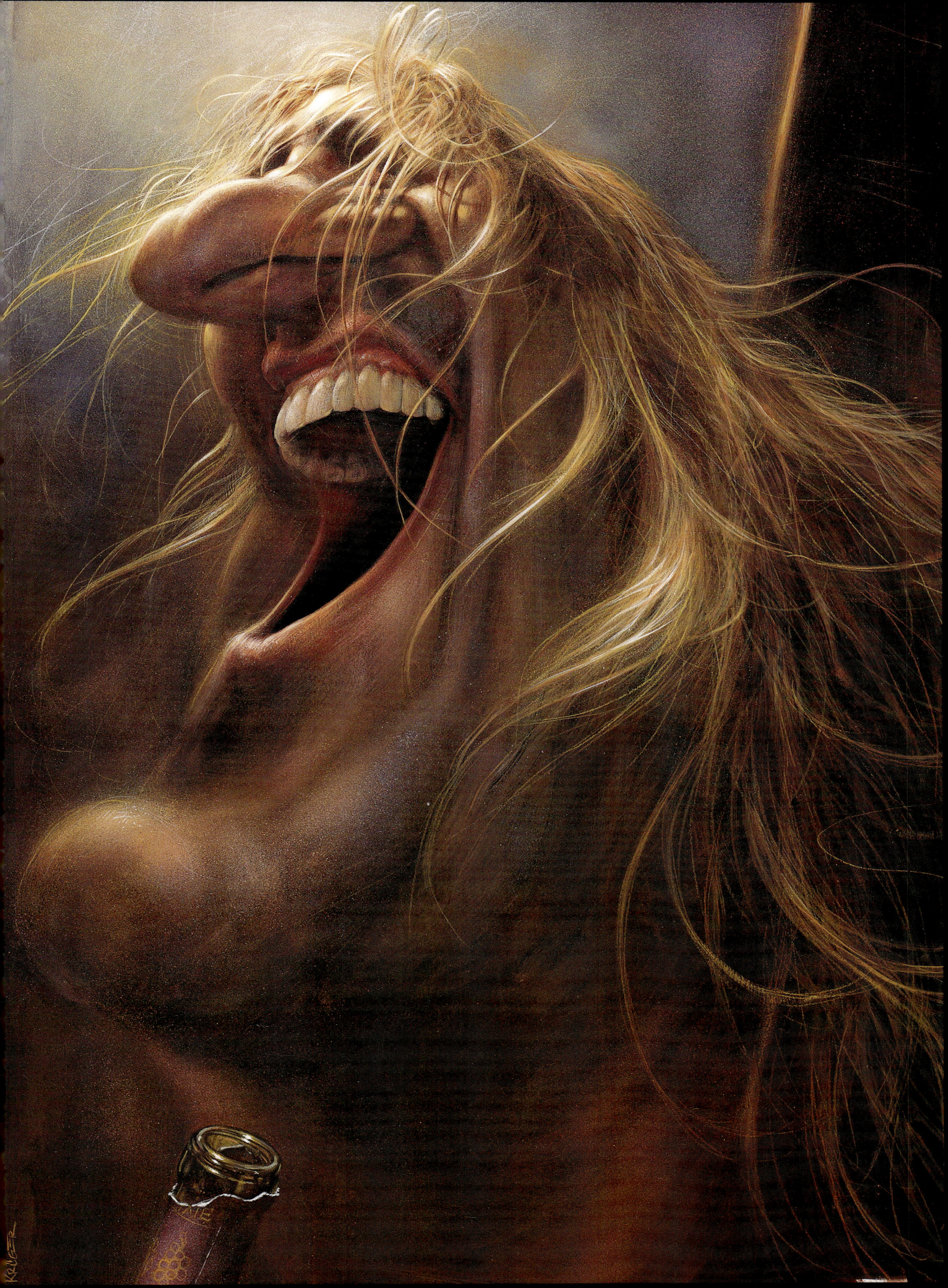

Imagine

Schüsse beim »Dakota Building« am New Yorker Central Park, Lennon tödlich getroffen. Nur Stunden zuvor hatte er seinem Mörder Mark David Chapman die »Double-Fantasy«-LP signiert. Wieder ein zynischer Intellektueller mit Nickelbrille weniger auf dem Planeten des Bösen. »Give Peace a Chance«, die Hymne einer Generation, Schall und Rauch. Beatle nur mochte Lennon lange schon nicht mehr sein. Wollte kein Pilzkopf bleiben wie der sanfte Paul, der brave Ringo, der entrückte George. Dem Sohn eines Schiffsstewards stand der Sinn nach höheren Revoltengebärden. Und seit 1966 nach Yoko Onos Liebestentakeln. Die Flitterwochen in Amsterdam wurden zum »Bed In«, Love, Peace and Happiness für alle. »Woman is the Nigger of the World«, dichtete John, mit Hare-Krishna im Ohr und Timothy Leary im Bunde. Amerika nahm den ungerufenen Sohn Britanniens nur mit Argwohn auf. Eine Berühmtheit, aber ein Freund von Drogen, der zwar brav zuweilen Rinder züchtete, aber als Musketeer Gripweed im Antikriegsfilm »How I Won the War« den Blödsinn des Waffengangs entlarvt hatte und die Protestler global mit »Working Class Hero« fütterte, dem modellhaftesten Politrocksong überhaupt. Ein fintenreicher Freigeist, ein Egozentriker, ein »Jealous Guy«, steinreich und machtvoll, im Herzen ein unbelehrbarer Rock 'n' Roller und doch allein, weil vor seiner Zeit: »Why is everybody telling me to do it? I already did it.«

John Winston Lennon, genannt
John Lennon
* Liverpool, GB. 9. Oktober 1940.
† New York, USA. 8. Dezember 1980.

John Lennon, 1995, 70 x 50 cm

BlackMagicWoman

1956 wurde sie die bessere Hälfte von Ike Turner und miniberockt mit »The Ikettes« zum erotischen Seismographen seines Musikergenies: »Nutbush City Limits«, »A Fool in Love«, »I Idolize You«. Doch die Liebe tanzte den Soultango auf dünnstem Eis. Ike zelebrierte seine furiose Fusion in Soul, »R & B« und Funkadelic mit Machoschmäh und Drogenblabla. Tina wurde zur geschlagenen Sklavin. Ein Ehepaar im Teufelskreis, das Ende mit Schrecken. 1974, Tina am Boden, Trost bei Buddha, Hoffnung. Tingeln ohne Ike, im Tiefparterre. Doch Tina hat ein Pantherherz und eine Stimme aus rohem Samt. Rod Stewart und »The Rolling Stones« lotsten die BlackMagicWoman zurück auf den Erfolgspfad. 1984 sprengte sie alle Fesseln, »Private Dancer«. Mit 46 wurde der Tramp endlich zur First Lady der schwarzen Popmusik, »What's Love Got to Do with it«, »Break Every Rule«, »Wildest Dreams«. Lange schon eine Oma, ist sie doch immer noch die Queen of Showbiz': »River Deep and Mountain High«.

Annie Mae Bullock, genannt
Tina Turner
* Brownsville, Tennessee, USA. 26. Nov. 1939.

Tina Turner, 1989, 100 x 70 cm

RocKing

1956 »Heartbreak Hotel« und der frivolste Hüftschwung aller Zeiten, »Elvis the Pelvis« mit dem Teddybärencharme. Ein armer Sohn des Südens. Sein Zwillingsbruder stirbt bei der Geburt. Ab 1948 in Memphis. Dort wird Presley schwarz, in seinen Adern kochen Gospel, Blues, Country, Folk, Rock 'n' Roll. Gesegnet ist er mit dem Charisma der Selbstverständlichkeit, ein Amadeus mit Ducktail, Gitarre und Juwelenstimme. 1955 wird der schlaue Colonel Parker sein Chefstratege, »In the Ghetto«. Presleys Stern überstrahlt den Globus. Er hat einen einzigen Song komponiert, doch was er zu Gold sang, war ein Stück von ihm. »Jailhouse Rock«, »King Creole«, »Suspicious Minds«. Elvis im Glück. Für die Mama einen pinkfarbenen »Cadillac«, für sich ein Neuschwanstein, »Graceland«. 1958 wird er Soldat und Uncle Sams fröhlichster GI. 1961 Bühnenpause, 1969 die Live-Rückkunft in schwarzem Leder, »From Elvis in Memphis«. Zum Kultmonument gereift, aber die naive Verschmitztheit schon von Schatten umzüngelt, »Don't Cry Daddy«. Elvis nun immer exzessiver. Noch mehr Filmdrehs für Hollywoods Parterre, zu viele Konzerte. Die Zitrone, ausgepreßt. Als ihn die Gemahlin Priscilla verläßt, kommt bald der Schwanengesang, weltweit per Satellit: »Aloha from Hawai«. Zwar wankt der korsettierte Koloß im Takt, doch das Herzlachen gefriert ihm zur Farce. »Graceland« wird nun zur parasitenbefallenen Festung, der Hausherr unnahbar, von Giften gelähmt. »Love Me Tender«, der blanke Hohn. Ein Werbetext für »Elvis – the Cologne«, 1990: »America has had 41 Presidents. But only one King.«

Elvis Aaron Presley, genannt
Elvis Presley
* East Tupelo, Mississippi, USA. 8. Jan. 1935.
† Memphis, USA. 16. August 1977.

Elvis Presley, 1996, 100 x 70 cm

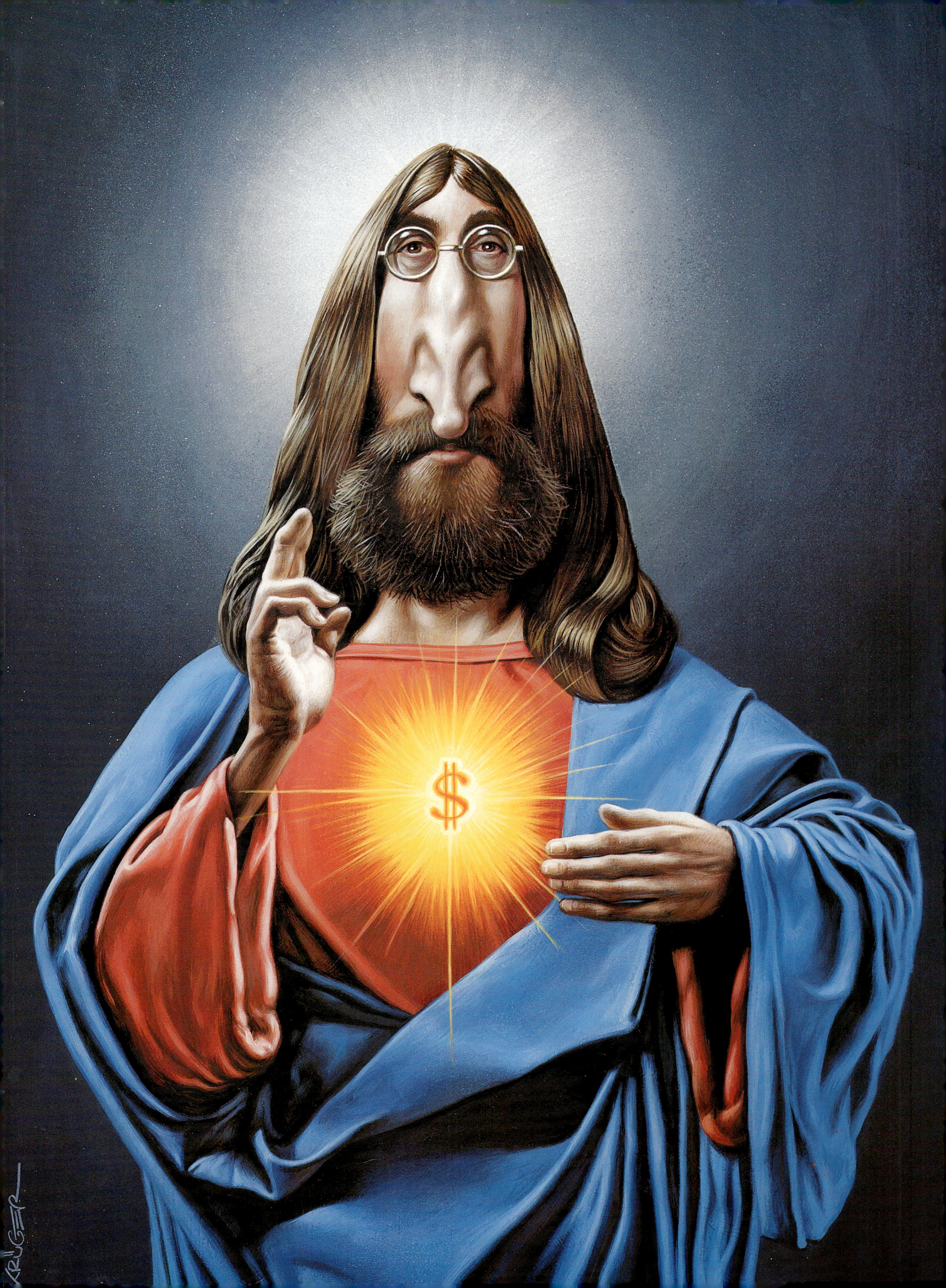
KRÜGER

ROLLING STONE
THE PHOTOGRAPHS

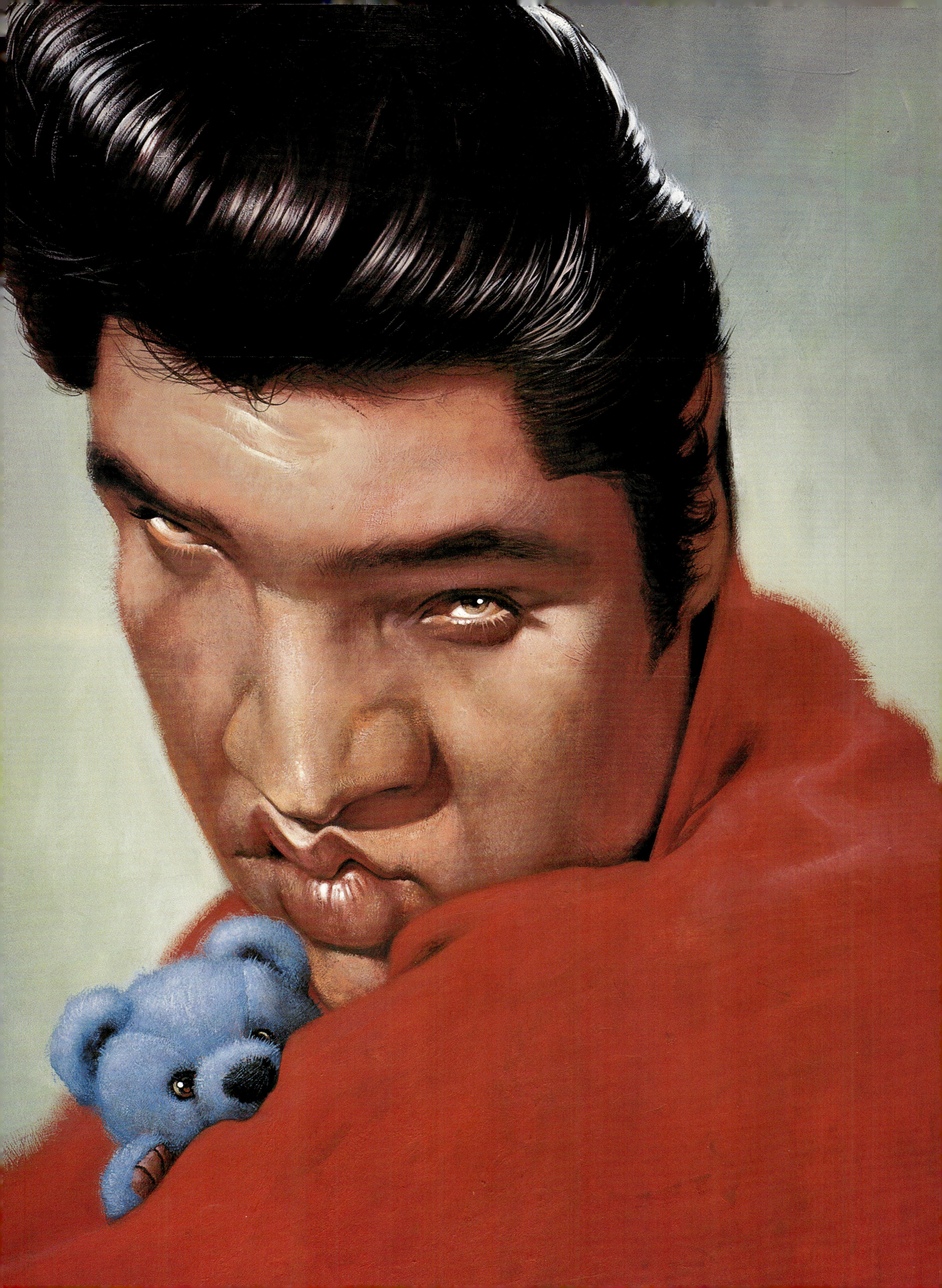

The Godfather, XXXL

Der Mammut im Filmzoo, er hat das T-Shirt zum Kultfetzen durchgeschwitzt. War der verwegenste Rockerbiker in »The Wild One«, der mysteriöseste Offizier in »Apocalypse Now«. Hat als alternder Pfau den »Last Tango in Paris« mit Maria Schneider hingegeilt, für eine Handvoll Butter. Als »Superman« flog, posierte er als Gottvater in den Kulissen, für Dollarmillionen. Den Franzosenkaiser Napoleon hat er in »Désirée« geadelt, den Römerhelden Marc Anton in »Julius Caesar« und Mexikos Revoluzzer in »Viva Zapata!«. Die Rebellenuniform der neuen Schauspielerei trägt er seit »On the Waterfront« und »A Streetcar Named Desire« mit gebrochener Würde. Das ist Marlon, Männersexappeal, skandalösester Bonvivant. Frivolster Freibeuter gegen den artistischen Gleichtrott, »Mutiny on the Bounty«. Brando ist Falstaff, das Sensibelchen, der tolldreiste Jongleur aller Emotionen, die einzige real existierende Legende des Kinos. Die Lebenskelche hat er geleert, den Wahnsinn gegrüßt, das Erbe zu Lebzeiten schon tragisch verteilt. Ein Sohn ist zum Totschläger geworden, eine Tochter hat sich selbst entleibt. Brando, der Orson Welles ohne »Citizen Kane«.

Marlon Brando
* Omaha, Nebraska, USA. 3. April 1924.

Love Story

Hippiekind aus San Francisco, mit 13 rebellische Kindfrau, voll unter Strom. Von allen Lasterfrüchten degustierend, Stripperin, Punk-Rocker-Braut und später die aggressive Frontlady der Band »Hole«. Dann die Amour fou mit dem »Nirvana«-Guru Kurt Cobain, Chronique scandaleuse: »Courtney Love is the best fuck in town.« Tragödie in Grunge, der Depresso-Musikus erschießt sich im April 1994. Läßt die junge Witwe mit Babytochter zurück. Sie, vom Trauerschmerz gekrümmt: »One day you wake up and smell yourself burning. You think it's not going to happen, but it does.« Doch Courtney ward nicht zum elend verlorenen Treibgut im Ozean des Verderbens. Nein, es nahte Rettung, unverhofft. Filmkapitän Milos Forman lotste die Unkeusche in sein moralistisches Reich der Illusionen. Ließ sie im Drama »The People vs. Larry Flint« grauslich sterben. Doch nur vor der Kamera. Euphorisch beklatschte die Kritik die Bildertat, und es erblühte staunend eine geläuterte Heroine: »I don't mean to be a Diva, but some days you wake up and you're Barbra Streisand.« Princess Trash im Glück.

* Love Michelle Harrison, genannt

Courtney Love
* San Francisco, Kalifornien, USA. 9. Juli 1965.

Daddy's Girl

Den ewig pubertierenden Papa Tony Curtis hat sie als Kind selten gesehen, und Mama Janet Leigh geisterte als duschendes Mordopfer aus Hitchcoks »Psycho« durch ihre Träume. Doch Jamie Lee hat ihrem prominenten Elternduo früh abgeschaut, wie man auffallen muß, um aufzufallen. Ihre scharfen Waffen sind der angeerbte Mix der äußeren Schönheit, die brandheiße Kühle des proportionierten Auftritts, der Reiz der androgynen Weiblichkeit. Den Schuß mimischen Talents hat sie im Fernsehen zementiert und ins Kino übertragen. Im Horrorstreifen »Halloween« durfte sie brüllen wie am Spieß, in »Trading Places« entblätterte sie sich neben Eddie Murphy. Doch Jamie Lee war auch der unzimperliche Ladycop im Thriller »Blue Steel« und das tollwitzige Weib in der Komödie »A Fish Called Wanda« mit den Kultblödlern von Monty Python. Jamie hatte den Dreh schon immer raus: »Ich lernte schnell, wie ein Chamäleon die Farbe zu wechseln und den Ton anzunehmen, der gerade gefragt war.« Und Humor hat sie auch: »Meine Brüste sind nicht groß, aber es sind meine eigenen.«

Jamie Lee Curtis
* Los Angeles, USA. 22. November 1958.

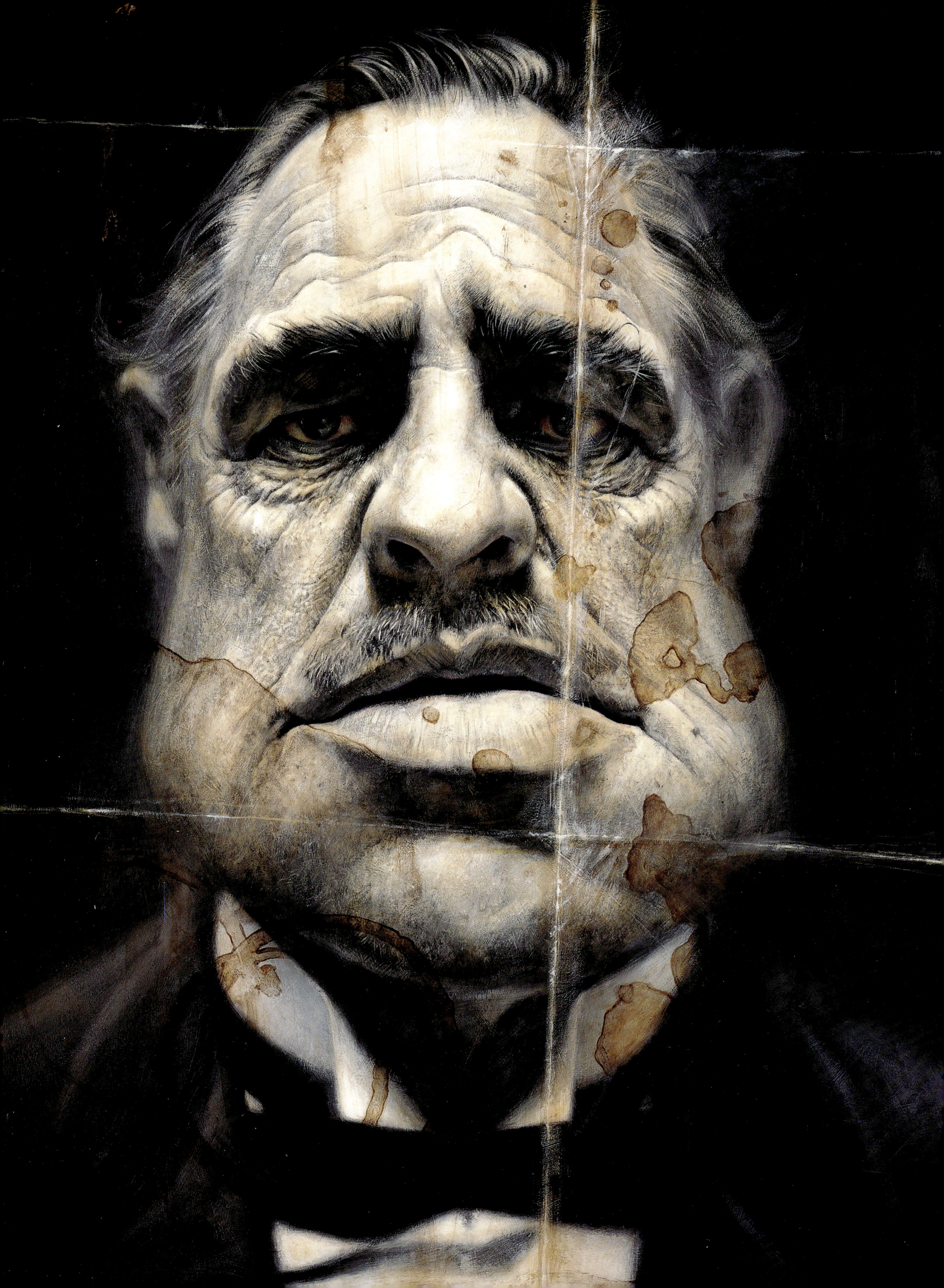

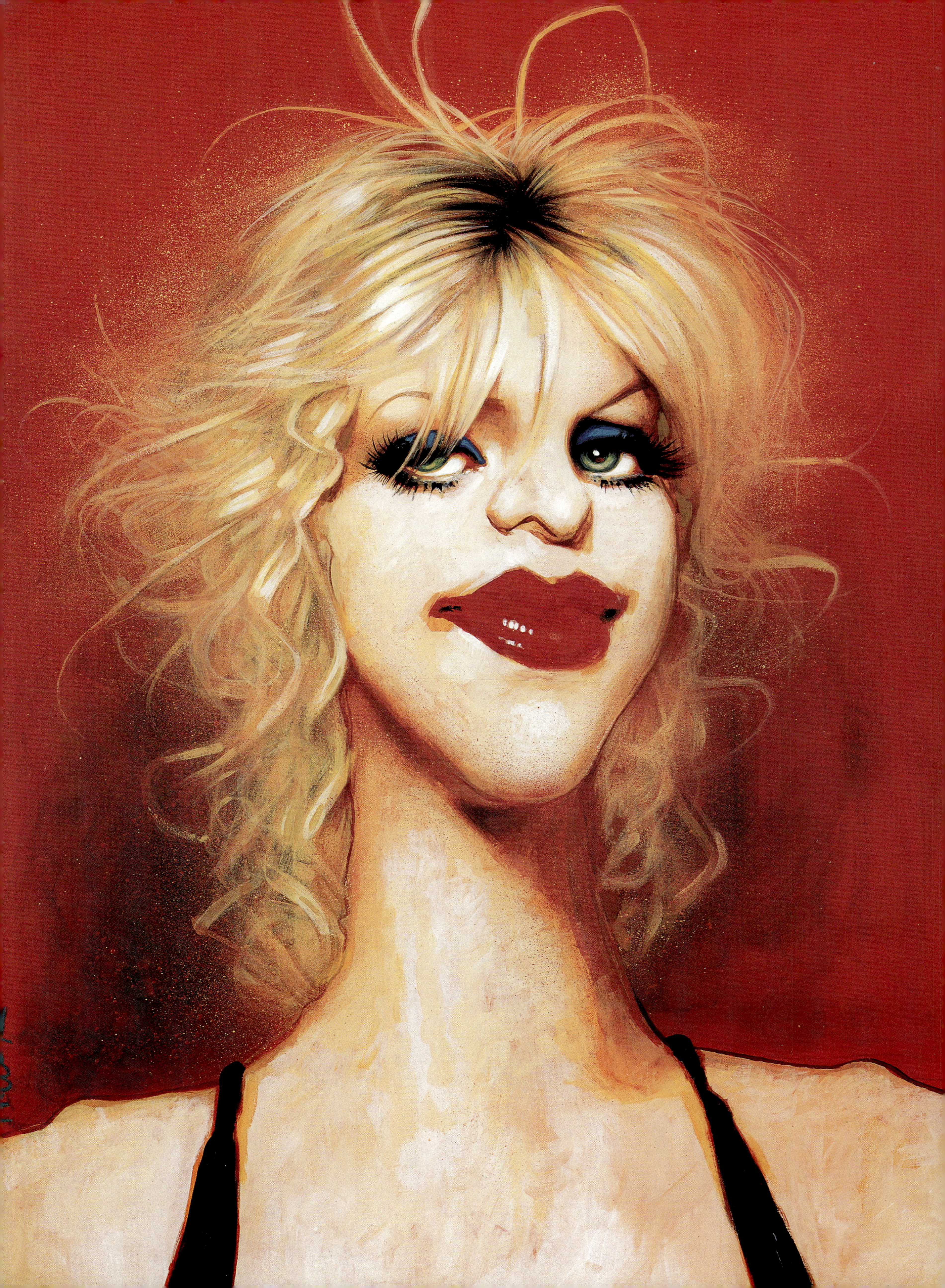

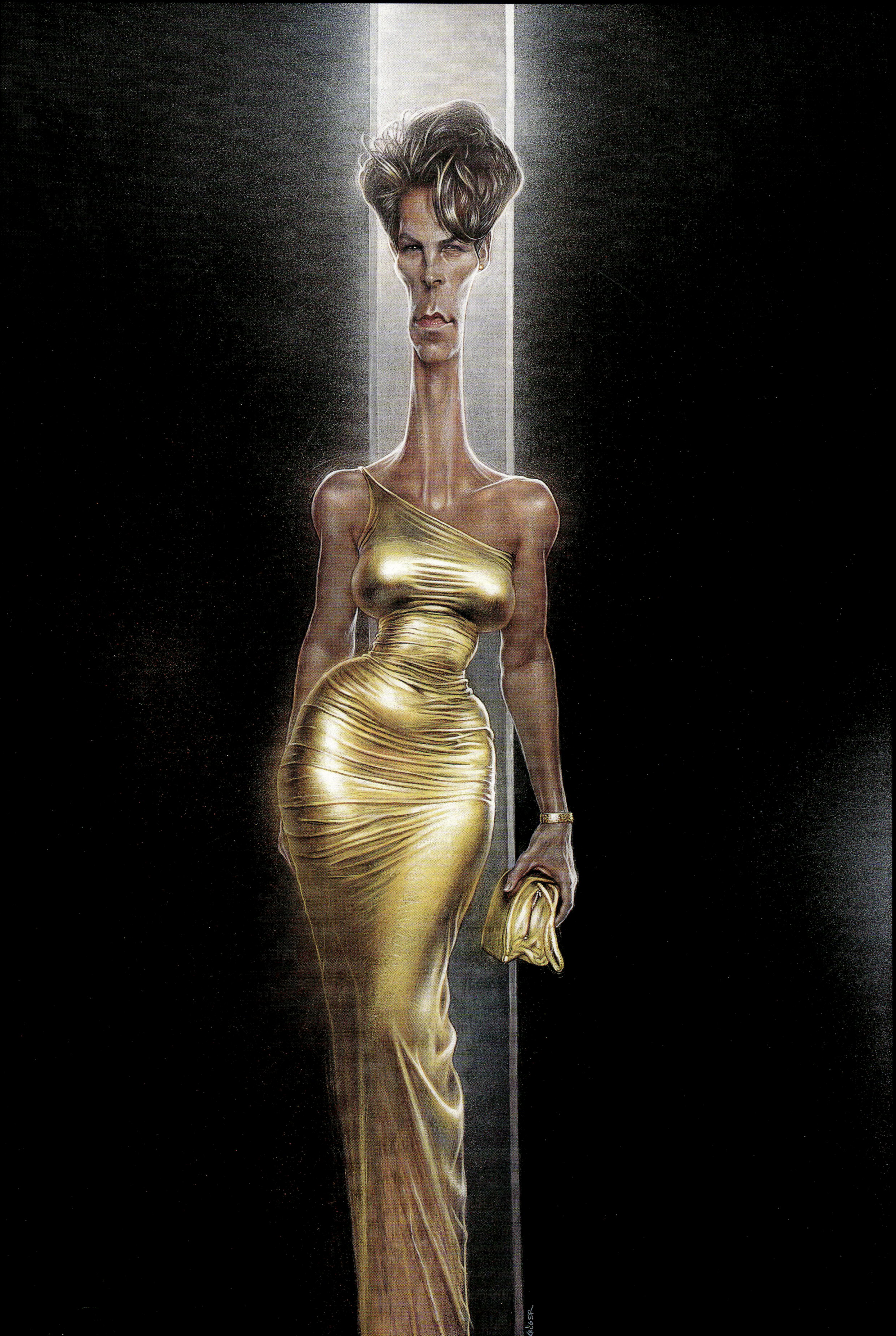

Easy Rider

Pettys Musik ist positives Denken, sein Gesang nasal, wie der seiner Wahlpaten Bob Dylan und Woodie Guthrie. Und seine Gitarrenläufe sind Verbeugung vor Ry Cooder. Mütterlicherseits fließt in Toms Adern das Cherokee-Blut. Als Junge erlebte er einen Filmdrehtag mit King Elvis, »Follow that Dream«. Mit 14 erhielt er die erste Gitarre, flog von der Schule, wurde professioneller Rocker und Roller. Anfangs mit den »Mudcrutches«, dann up and away mit »The Heartbreakers«. Großerfolge mit den Alben »Damn the Torpedoes« und »Southern Accents«. 1985 bat Dylan zum Vorpielen. Das Ergebnis war die »True Confession Tour« mit dem Großmeister. Tom Petty ist der ideale Begleiter für anspruchsvolle Partner. Stevie Nicks. Del Shannon. Ry Cooder. John Hiatt. Don Henley. Roger McGuinn. 1988 war Petty Mitinitiant der brillanten Allianz aufrechter Rockherzen: Jeff Lynne, George Harrison, Bob Dylan, Roy Orbison. »The Traveling Wilburys«. Wer mit dem musikpragmatisch-originellen Blonden einen Trip wagt, scheint immer Spaß zu haben: »Into the great wide open/Under the sky of blue/Out in the great wide open/A rebel without a clue.«

Tom Petty
* Gainesville, Florida, USA. 20. Oktober 1952.

Sir Razorblade

Neun mal neun Leben hat die Iggy-Katze. Am Rande des Abgrunds tobt er seit drei Jahrzehnten, früher hat er Schlagzeuge zerhämmert, dann gesungen mit einem Organ wie Schmirgelpapier und Glas, das bricht. Den altgewordenen Knabenkörper hat er sich live mit Rasierklingen aufgeschlitzt, die dürre Nacktheit zelebriert, das Tal der Drogendrachen durchwandert. Und gepredigt mit »Iggy & the Stooges«, mit David Bowie in Berlin oder als Solist; »The Idiot«, »Lust for Life«. Im Film plazierten ihn Jim Jarmusch, Johnny Depp, John Waters. Iggy, das ist der Rockballerino mit dem Stahlnetzgesicht, seine Autobiographie von 1982 trägt den Titel »I Need More«. Er kennt die Einsamkeit, »Fuckin' Alone«. Er gefällt sich als »American Caesar«, als Ambassador des PunkHardCoreRock und zugleich Koch eisheißer Balladen: »Beside You«.

James Jewel Osterberg, genannt
Iggy Pop
* Muskegan, Missouri, USA. 21. April 1947.

Heartattack and Vine

Herzblutlyriker, Jack Kerouac und Allen Ginsberg im Sinn. Famoser Songwriter, »Downtown Train«, »Heartattack and Vine«, »Frank's Wild Years«. Geboren auf dem Rücksitz eines Taxis vor einem Hospital. War Nachtklubentertainer, Klavierspieler mit einer mäandernden Röchelstimme und Songs gegen die Norm gekämmt. Jeder Beat auch ein Kuß für Gevatter Jazz. Beschwört die herbsüßen Minidramen des Alltäglichen, die trunkene Melancholie von Plüsch, schwerem Parfum und leichten Damen. Seit den siebziger Jahren ist er der bekannteste Unbekannte der Szene, kantig, erdig. 1973 die erste LP, »Closing Time«. Meisterlich dann »Nighthawks at the Diner«, ein Schrägopus mit Bläserfetzen und Pianoschlenkern, Swing, Bebop, Blues, prickelnd wie Champagner. Waits, der bittere Charmeur und unzähmbare Individualist, ein gefragter Genosse für die Crème de la crème der alternativen Boheme: Frank Zappa, Keith Richards, Jim Jarmusch, Francis Ford Coppola, David Lynch, Robert Wilson, Tim Robbins. Tom, ein Mann mit Mutterwitz: »I've never met anyone who made it with a chick because they owned a Tom Wait's album. I've got all of them, and it never helped me.«

Tom Waits
* Pomona, Kalifornien, USA. 7. Dezember 1949.

Tom Petty

CDVUS 64
7243 8 39025 2 1
℗ © 1998 VIRGIN RECORDS AME
338 N FOOTHILL ROAD
BEVERLY HILLS CA 90210

KRÜGER

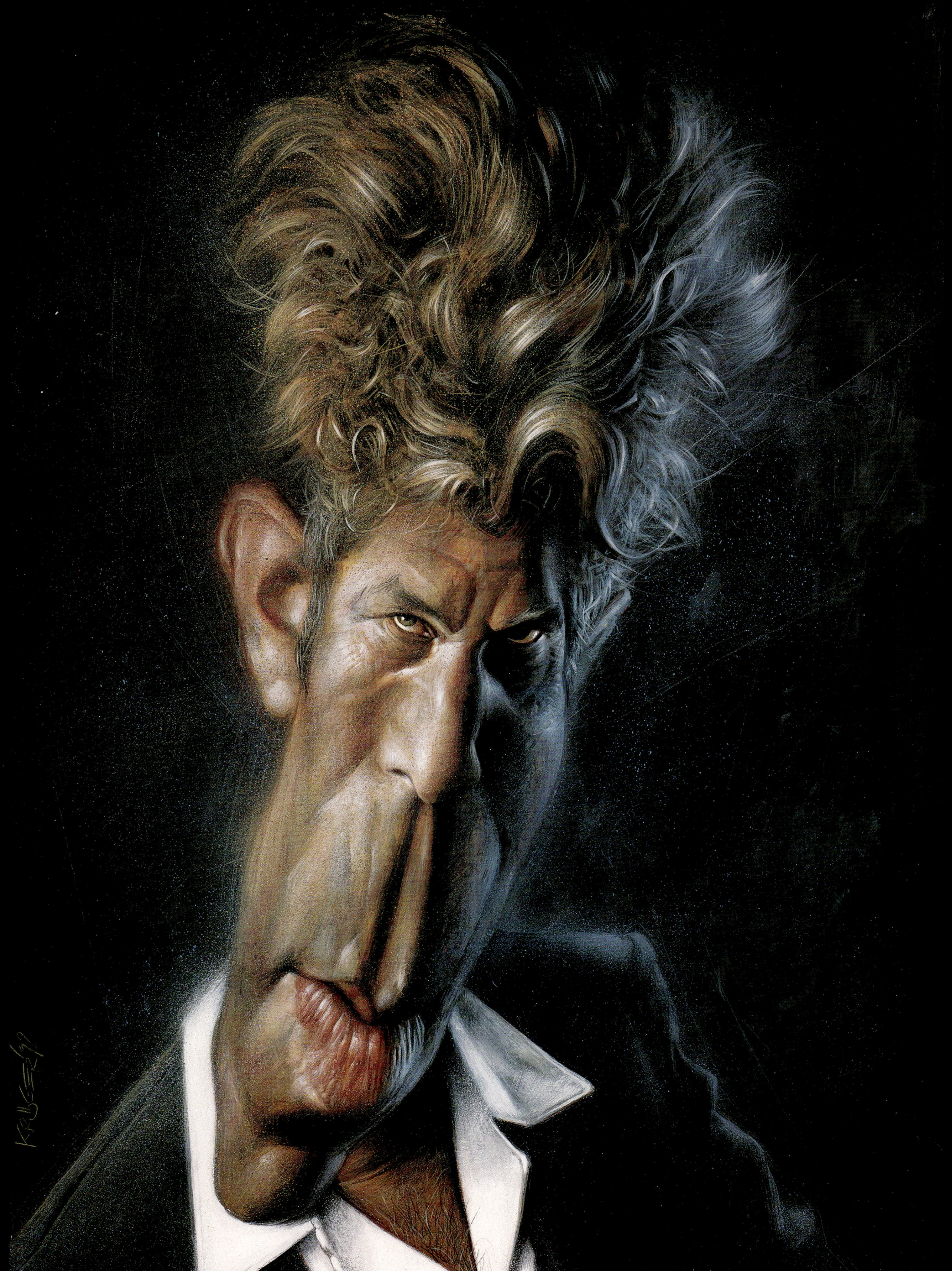

Behind Blue Eyes

»My Generation«, eine Ewigkeitshymne von Meister Townshend. Er hat den gitarristischen Windmühlenpropeller eingeführt, den High Jump zum sakralen Akt gemacht. Pete und »The Who«: Keith Moon, John Entwistle, Roger Daltrey. Pete, das scharf denkende Hirn zwischen fast tauben Ohren, aber die Nase immer im Trendwind. Ein gewitzter Schreiber, talentierter Sänger und als kompositorischer Gitarrist eine Macht. Mit dem indischen Guru Meher Baba hat er einst meditiert, dann die furiose Rockoper »Tommy« geboren. Und eine kleine Milchstraße voller Hits: »The Kids are Alright«, »Substitute«, »Happy Jack«, »Behind Blue Eyes«, »Who are You?« Alles Feinkost, aggressiv gewürzt, intelligent, rauhcharmant. Als 1978 der brillante Drummer Keith Moon ins ewige Leben abging, rutschte auch Pete ab in die Suchtschlangengrube. »The Who« waren ein Trümmerhaufen. Doch Legenden leben länger. Opera Nummer zwei entstand, »Quadrophenia«. Und Pete the Eagle flog erfolgreich auch solo, »Empty Glass«, »All the Best Cowboys Have Chinese Eyes«, »Scoop«, »The Iron Man«, »Psychoderelict«. Gealtert zwar, aber immer noch ein Jungbrunnen des Rock, und hier ist sein Geheimnis: »A great guitar player invites God to every gig and has him sit on the headstock.«

Peter »Pete« Dennis Blandford Townshend, genannt

Pete Townshend

* Chiswick, GB. 19. Mai 1945.

Phantom of the Opry

Das Leben eine Odyssee ins Nichts. Der Rücken von Geburt weg verkrümmt, nach einem Reitunfall verkrüppelt. Der Vater schwerstens kriegsverwundet, die Mutter aus Liebe beherrschend. Mit sieben die erste Gitarre für Hank, dann die Riffs und Läufe vom Straßensänger Rufus Payne gelernt. Mit 14 die Band »The Drifting Cowboys«. Ein proletenhafter Dichter des Gewöhnlichen reift heran, ein Chronist für Lebenstragödien im Minutentakt. 1946 erste Plattenaufnahmen, die Artistenweihe am 11. Juni 1949 mit der Gala in der »Gran Ole Opry« in Nashville: »Lovesick Blues.« Der Ruhm, der Glanz und schon der Anfang vom tristen Ende. Der Suff, der Jähzorn und 1952 die schmerzliche Trennung von seiner Frau. Hank sackt ab, wird von der erzpuritanischen Country-Elite geächtet, das persönliche Fiasko ist unabwendbar: »I'll Never Get Out of this World Alive.« In der Neujahrsnacht 1953 lauert Bruder Hein in einem Blizzard, Hank driftet ihm in die kalten Arme, von teuflischen Schmerzen gepeinigt, alkoholbetäubt, tablettenvergiftet. Das Finale elend, auf dem Rücksitz eines Cadillacs, Tod im Schnee, »Angel of Death«. Doch Große wie Cash, Kristofferson, Orbison, Lewis, Little Richard, Presley haben den Countryritter von der tragischen Gestalt geehrt. »I can't escape from you.«

Hiram Hank Williams, genannt

Hank Williams

* Mount Olive, Alabama, USA. 17. Sept. 1923.
† Virginia, USA. 1. Januar 1953.

The Mouth

Megaexzessiv, sounddynamitisch war sie immer, die Hardrock-Männerkiste zwischen dem Sänger Steven Tyler und dem Bassisten Joe Perry. Seit 1970 hat das Duo infernalissimo tausend Gig-Dribblings rund um den Globus hingedröhnt. Die »Aerosmith« sind trotz wechselhafter Besetzung urechtes Rockgestein, ihre altjungen Piloten sind rockberserkernde Profis mit Fehl und Tadel. Immer voll auf Achse, haben sie das natürliche Bewußtsein mit mannigfachsten illegalen Substanzen gegen die Vernunft erweitert. Oft, sagt die Legende, sei es knapp geworden für Joe und Steven, the Toxic Twins. Doch Hardrockunkraut verdirbt so leicht nicht. Mit »Permanent Vacation«, »Pump«, »Get A Grip« und »Nine Lives« haben die wilden Kerle bis dato Rockhistorie geschrieben. Mit Frontalkollisionen auf der Überholspur der Trashkultur. Herr Tyler mit der dynamithaltigen Schneewittchentochter, die noch schöner ist als er. Im »Aerosmith«-Videoclip »Crazy« war Liv mit 14 schon dabei, nun ist sie auf dem Weg, Hollywood zu erobern. Das Überleben hat sich für Papa Steven gelohnt: »Dream on«.

Steven Victor Tallarico, genannt

Steven Tyler

* New York, USA. 26. März 1948.

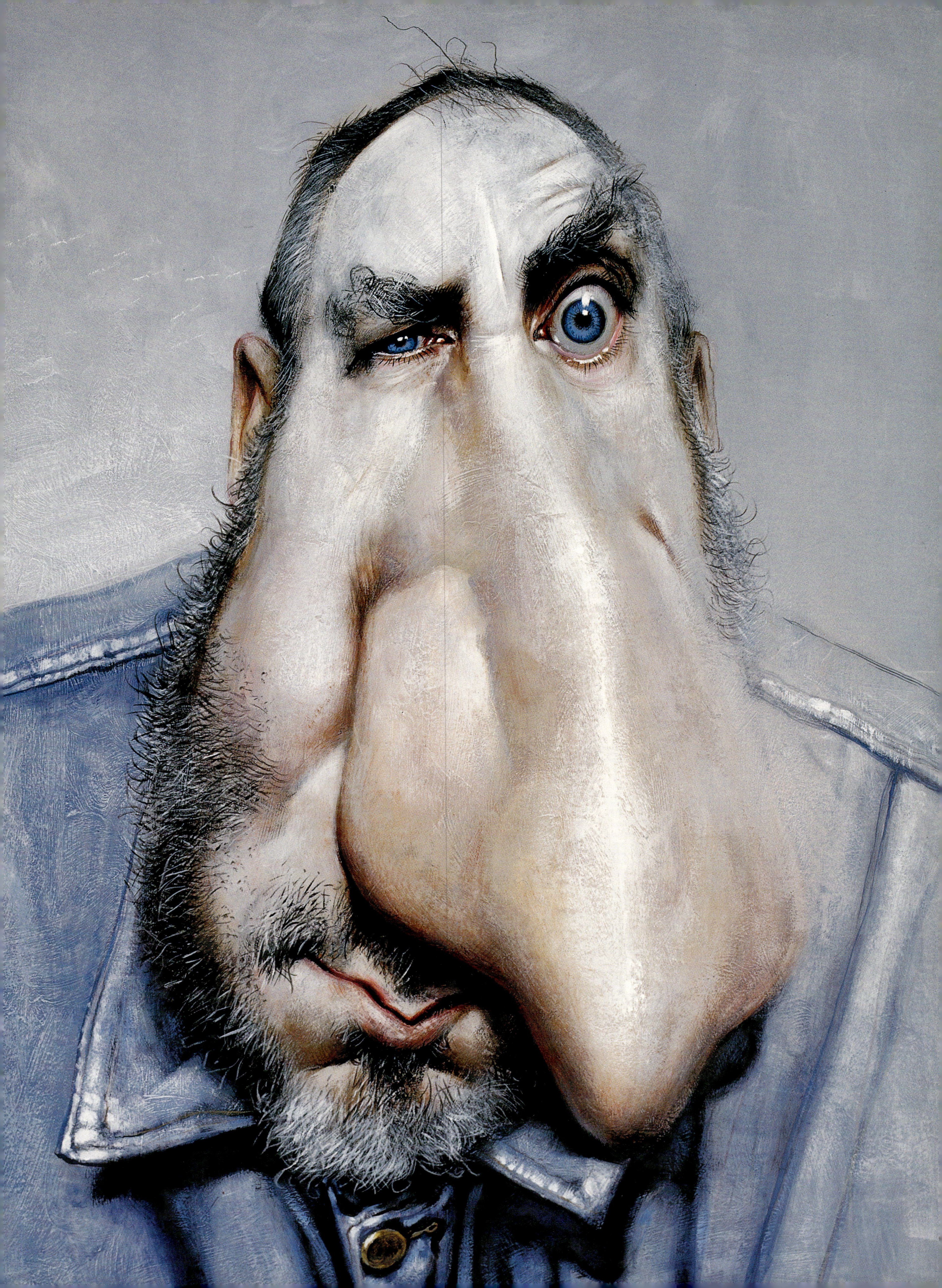

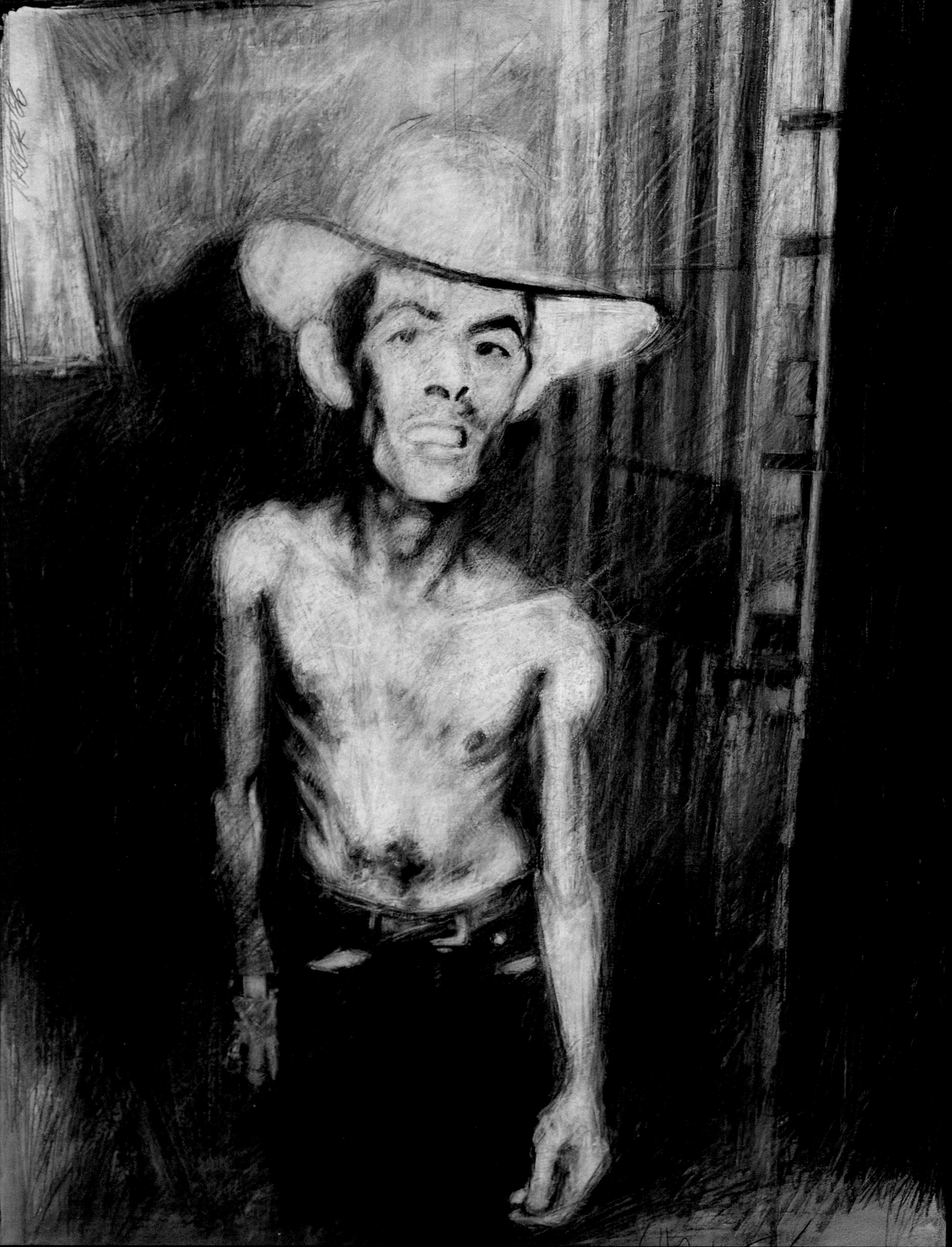

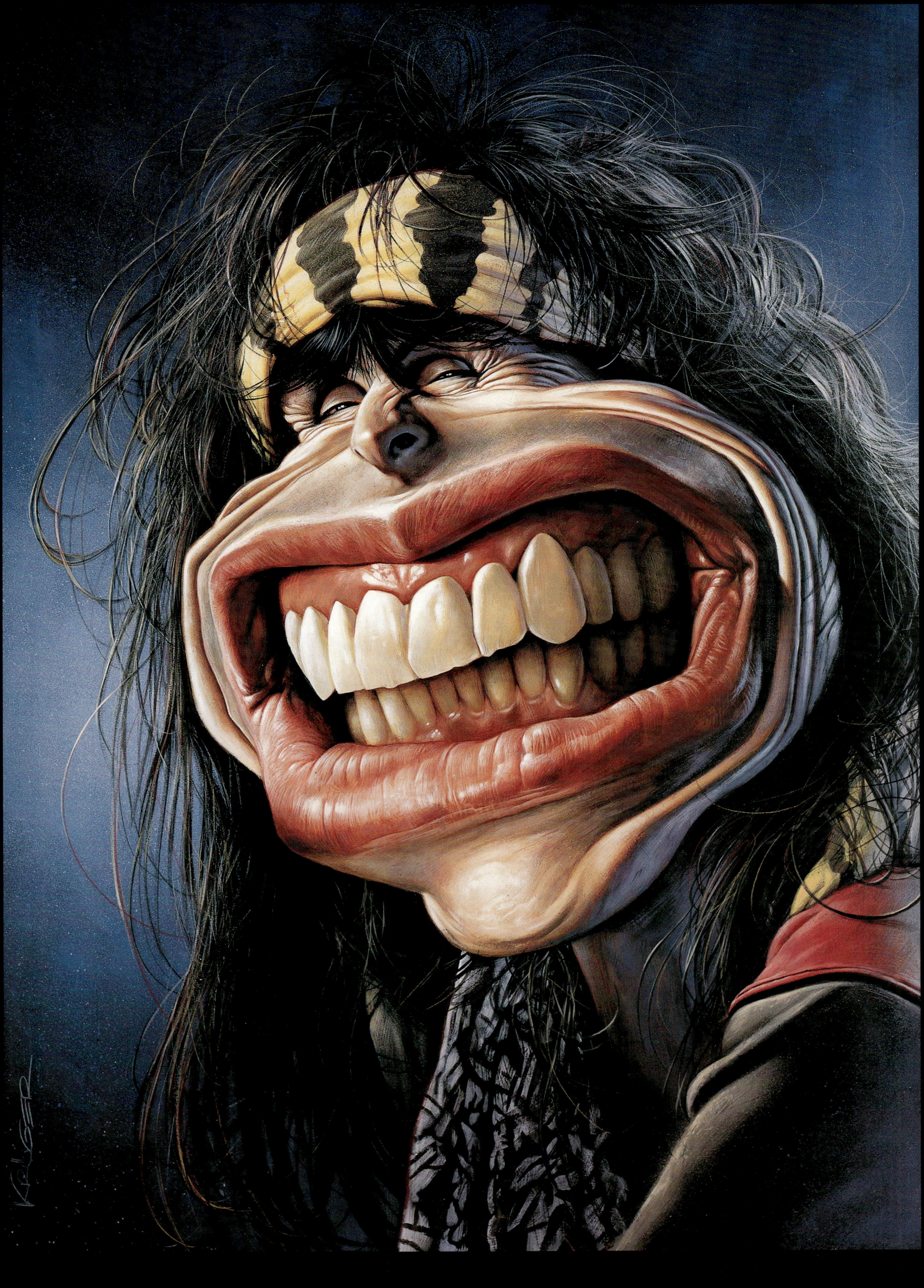

Monsieur Querelle

Völlerei. Mehr als 30 Kinofilme, Theaterstücke, Inszenierungen, Fernsehen, Hörspiele, Drehbücher und gegen 40 Schauspielrollen. Das ist das Logbuch von Kapitän RWF von 1966–1982. Die Hintergründe für die Fahrt auf dieser »Titanic« des deutschen Kulturschaffens: Der 2. Weltkrieg, die Studentenrevolte '68, die Terroristenszene, Deutschland im Herbst. Alles hat RWF aus seinen Gefühlskatakomben gezerrt. Hemmungslos, anarchistisch, gefühlsdrüsig, chaotisch, blutig, tränig, schweißig. RWF stand auf der Kommandobrücke eines Selbstzerstörers, lustgewaltig schlingernd im Orkan des Zeitgeistes. Mit ihm unterwegs eine verschworene Besatzung, bis zum bitteren Ende. Hanna Schygulla, Ingrid Caven, Michael Ballhaus, El Hedi ben Salem M'Barek Mohamed Mustafa, Daniel Schmid, Margrit Carstensen, Peer Raben, Kurt Raab, Armin Meier, Brigitte Mira, Peter Handke, Douglas Sirk. Das Erbe des RWF, ein irritierender Schatz. »Liebe ist kälter als der Tod«, »Martha«, »Die Katzelmacher«, »Händler der vier Jahreszeiten«, »Angst essen Seele auf«, »Querelle«. Das Leben als Arbeit oder die Arbeit als Leben, RWF. Er segelte auf dem Kurs Richtung Sehn-Sucht: »Ich will doch nur, daß ihr mich liebt.«

Rainer Werner Fassbinder

* Bad Wörishofen, Deutschland. 31. Mai 1945.
† München, Deutschland. 10. Juni 1982.

Mighty Quinn

Als Sorbas, der Grieche, tanzte er Filmhistorie, aber er war auch der Glöckner von Notre-Dame und russischer Papst und mit Lawrence of Arabia im Wüstensand. Quinn, der Charakterschmied, stets der erste, dann oft der beste Mann für die zweite Besetzungsreihe. Bestückt mit ochsenhafter Virilität und martialischer Zerbrechlichkeit zugleich. Geboren wurde die mimische Kraftwurzel als Sohn einer blutjungen Mexikanerin. Der Vater war halbirisch, kämpfte für Pancho Villa, arbeitete später als Kameramann in den USA und kam 1927 bei einem Autounfall ums Leben. Anthony mußte das Leben von unten packen. War Zementmixer, Schuhputzer, Boxer, erfüllte spielend die Klischees für den »American Dream«. Nach einer Zungenoperation unterzog er sich einer Sprachtherapie, bekam Lust aufs Theater. 1936 spielte er mit Mae West, lernte den Akteurstar John Barrymore kennen. Der öffnete ihm die Türe zum Film. Als Regiezar Cecil B. DeMille ein paar falsche Indianer für einen Film suchte, war Quinn gefragt und bezirzte umgehend DeMilles Adoptivtochter. Bald war Anthony prominent verheiratet und noch besser im Geschäft. Im Abenteuerfilm »Viva Zapata« mimte er den Filmbruder von Marlon Brando und holte sich den ersten »Oscar«. Den zweiten bekam er als Maler Paul Gauguin in »Lust of Life«. Seit jeher galt Quinn als der ideale Rivale für größere Kollegen mit positivem Image: Errol Flynn, Kirk Douglas, Gregory Peck, Burt Lancaster, Kevin Costner, Peter O'Toole. Vor der Kamera steht der sportive Alte nur noch selten, gefällt sich aber als Maler und Bildhauer, selbstbewußt wie eh und je: »Someone once said if I was left on an island, I'd reconstruct the rocks. I have a need to say I was here.«

Anthony Rudolph Oaxaca Quinn, genannt ### Anthony Quinn

* Chihuahua, Mexiko. 21. April 1916.

Looking for Al

Die Wurzeln in Sizilien, in East Harlem geboren, bei Mutter und Großmutter in der New Yorker South Bronx aufgewachsen. Als Kind schon erlag er dem Zauber von Bühne und Leinwand, flog mit 17 von der Manhattan High School, schlug sich mit diversen Jobs durch, nahm Schauspielunterricht, wurde 1966 am »Actors Studio« zugelassen. Dann Auftritte Off-Broadway, am Broadway, im Film. Reüssierte 1971 als Junkie in »The Panic in Needle Park«, schaffte 1972 den Durchbruch als Filmsohn von Marlon Brando im Mafiafilm »The Godfather«. Pacino zählt seitdem zur Elite, »The Godfather III«, «Serpico«, »Scarecrow«, »Dog Day Afternoon«, »Scarface«, »Sea of Love«, »Scent of a Woman«, »Glengarry Glen Ross«, »Carlito's Way«, »Heat«, »Donnie Brasco«. Gerne macht der Unnahbare zuweilen eine Denkpause vom Film, rettet sich vom Rummel ins Theater zu den wahren Gauklern. Sein Name steht für introvertiert und dynamisch, er ist wie Eis vor der Schmelze und ein Meister der Reduktion auf die wesentliche Gebärde. Im Dokumentarfilm »Looking for Richard« hat er 1996 erstmals Regie geführt und am Exempel von William Shakespeares Zeitlosigkeit auch einen Teil von sich enthüllt. Er ist die atmende Kontur zwischen Dunkel und Licht, umflort von einem Geheimnis, das sich selber zelebriert.

Al Pacino

* New York, USA. 25. April 1940.

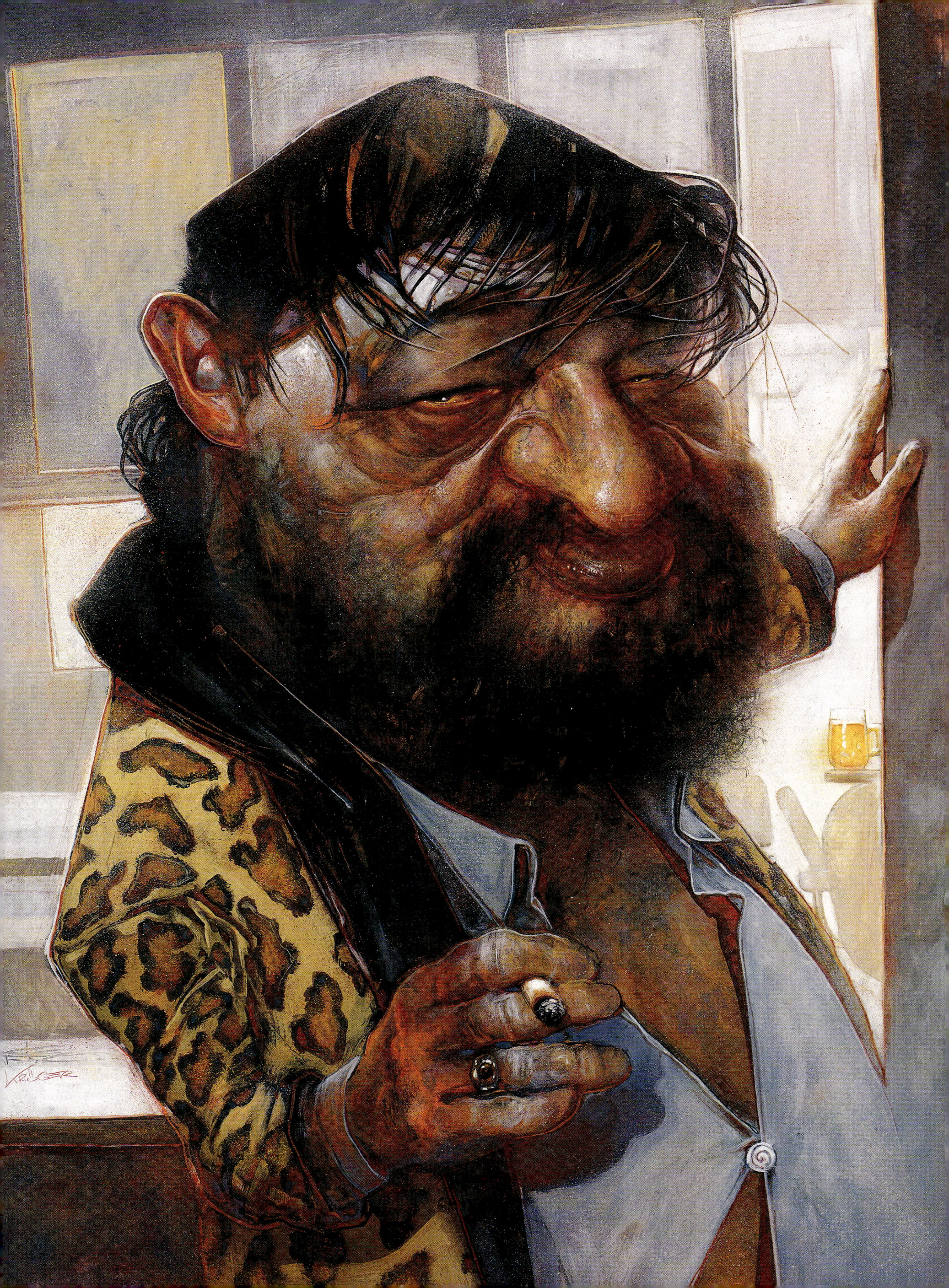

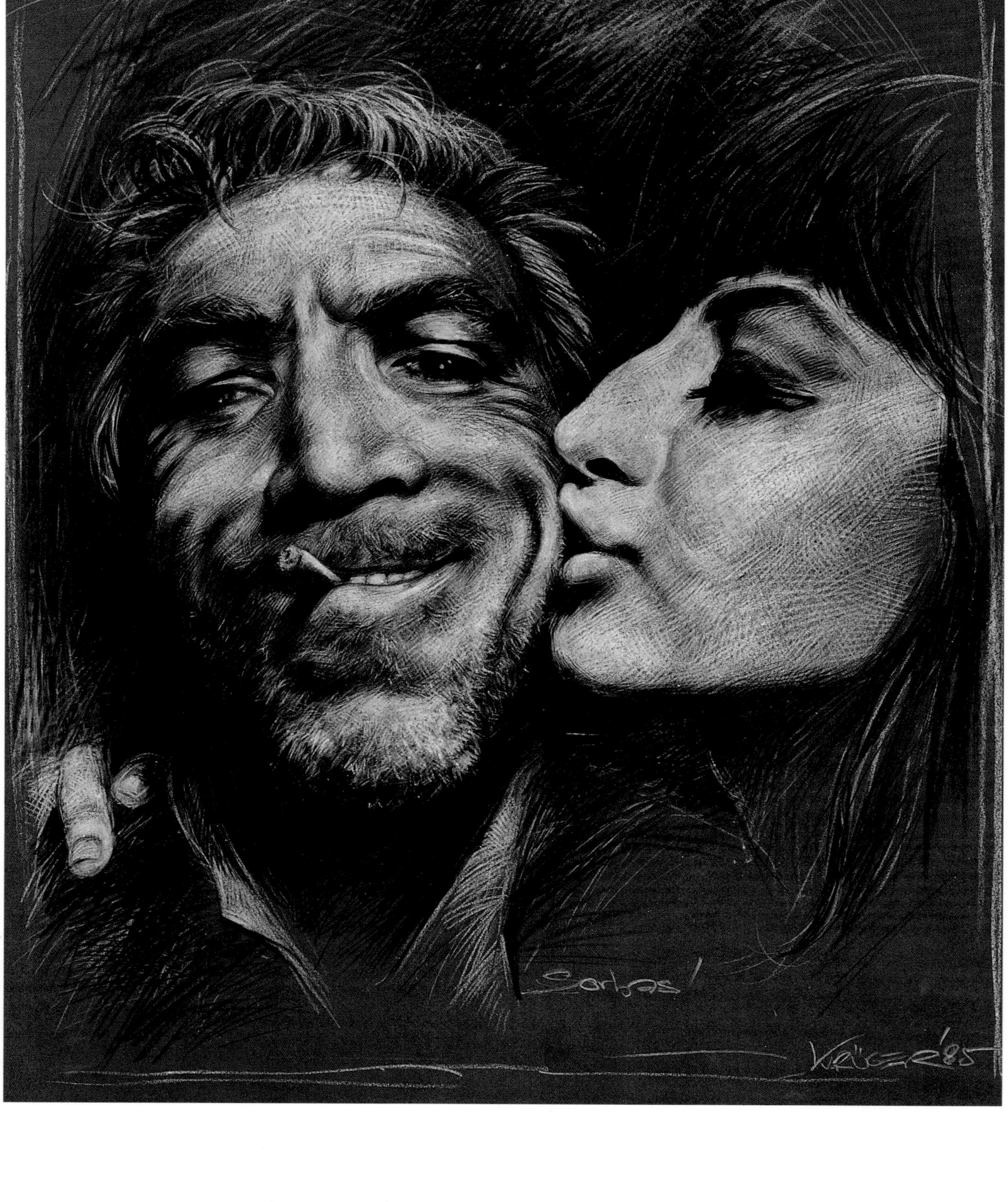
Sorbas!
Krüger'85

AL

Bad Michael Pan

Du bist der »Moonwalker«, der Traumtänzer. Die Haut verfärbt, das Gesicht chirurgisch zum Mount Rushmore des Pop deformiert. Dein Reich heißt »Neverland«, das ist Dir Disneyland und Schlaraffenland. Barbietown und Goldener Käfig. Deinen Leibschimpansen Bubbles hat ein Bodyguard schnöde zu Tode gefahren, Deine Python Muscles schlängelt lange schon in den ewigen Jagdgründen. Beim Drehen eines Werbespots ist Dir ein Teil der Kopfhaut weggebrannt. Armer »Whacko Jacko«, reiches altes Kind mit 1001 Macken. Mit vier schon mußtest Du steppen wie James Brown und besser singen, als Deine Brüder: »The Jackson Five«. Dann bist Du solo losgezogen, wurdest zum Showgenie, zum Aladin des Soulpoptechno. Zu Recht wirst Du »King of Pop« gerufen. Doch Du wolltest mehr, hast im Übermut die Tochter des »King of Rock« geheiratet. Als kein PresleyJackson gezeugt wurde, mußte Dir Deine Freundin Liz Taylor die kalten Tränen trocknen. Aber für 47 Millionen Dollar hast Du die Beatles-Song-Rechte gekauft und überhaupt Musikgeschichte geschrieben, »Thriller« sei Dank. »Beat It«, »Billy Jean«, »Bad«, »They Don't Care About Us«, »We Are the World«. Michael we love you, Deine Songs sind immergrüne Hits, die Kids lieben Dich wie ein Gummibärchen. Und selber magst Du kleine Jungs. Fahl bist Du geworden, Jacko, mit den Hochwasserhosen, den weißen Socken, dem Uniformoutfit, dem Schlapphut. Ein Griff in den Schritt hat Dich doch noch zum Papa gemacht, zuckend, kieksend, tänzelnd geht »HIStory« weiter. Weitersingen mußt Du, kleiner, schwarzer, einsamer Prinz: »Another day has gone, I'm still all alone, how could this be, you're not here with me.«

Michael Joseph Jackson, genannt
Michael Jackson
* Gary, Indiana, USA. 29. August 1958.

Michael Jackson, 1991, 70 x 50 cm

Heartbeat

Er bringt die Steine erst richtig ins Rollen, weil er ihn unvergleichlich trifft, den Takt des Rock 'n' Roll. Charlie on drums. Die hagerste aller Legenden. Der ewig schweigsame Elegante mit dem Holzschnittgesicht. Bar aller Starallüren. Dafür uhrwerkpräzise. Zuverlässig, bis das letzte Bühnenlicht erlischt. Gegen Millionen von Steinschlägen war er gewappnet, mit Affären hatte er nichts am Hut. Charlie ist der erratische Block bei den »Stones«, mit ihm lief manches leichter in der Firma und ohne ihn wohl nichts. Als rechter Flügel hat er einst den Fußball gekickt, mit Talent und musikalisch tat er sich in jungen Jahren schwer. Am Banjo fand er sich nicht zurecht, doch beim Trommeln gingen ihm die Lichter auf. Jazz, Jazz, Jazz war sein Nektar. Gil Evans und George Russell wurden zu Vorbildern, und Charlie Parker hat er sogar ein Buch gewidmet. Charlie studierte Kunst, wurde Grafiker. Aber die Musen des Zeitgeistes hielten für ihn eine andere Bestimmung bereit. Ein Guru des Ur-Rock holte ihn in seine Band, »Alexis Korner's Blues Incorporated«. Dann rückten Mick, Keith, Brian und Bill an und machten Charlie zu ihrem Leuchtturm für tausend Spritztouren über rockwindige Meere. Seit 1963 ist er der Herzschlagmann. Gerne selbstbescheiden im Hintergrund, und doch immer ganz weit vorne mit selbstironischem Schalk: »Regretfully, I never took acid and I wish I'd taken it to know about it. I think I was the only rock star never to wear a pair of beads.«

Charles Robert Watts, genannt
Charlie Watts
* Islington, London, GB. 2. Juni 1941.

Charlie Watts, 1989/90, 70 x 50 cm

Ladyman

»I don't try to hide anything, I want to live and finally enjoy what I do, sleep and dream, rage and shout.« In der Kindheit schon hat sie die Wege von Muddy Waters und B. B. King gekreuzt, vermeldet die Legende. Glen macht die eigene Person gerne zum Vexierspiel und stöhnt das Leben mit tiefer Stimme. In Männerkluft und sich bekennend zur Liebe von Frau zu Frau. Ihre Herkunft ist bohemehaltig. Mit 18 ist sie losgezogen mit Mundharmonika und Gitarre. Machte Straßenmusik, stützte sich auf Gottes Wort, übte verschiedenste Jobs aus. Als sie die kantige Nina Simone lieben lernte, bog sie auf den Weg zum Ruhm ein. Marla lebt in Paris, das Gestern ist fern, die kruden Erfahrungen mit der Todesdroge Crack sind Vergangenheit. 1993 hat sie mit dem kernigen Debütalbum »This Is Marla Glen« entzückt und später mit »Love and Respect« nachgezogen. Sie ist immer noch am Wachsen und hat das zweifelnde Staunen nicht verlernt: »I expect nothing more. I'm already living beyond my own dreams.«

Marla Glen
* Chicago, USA. 3. Januar 1960.

Marla Glenn, 1995, 50 x 32 cm

MICHAEL JACKSON

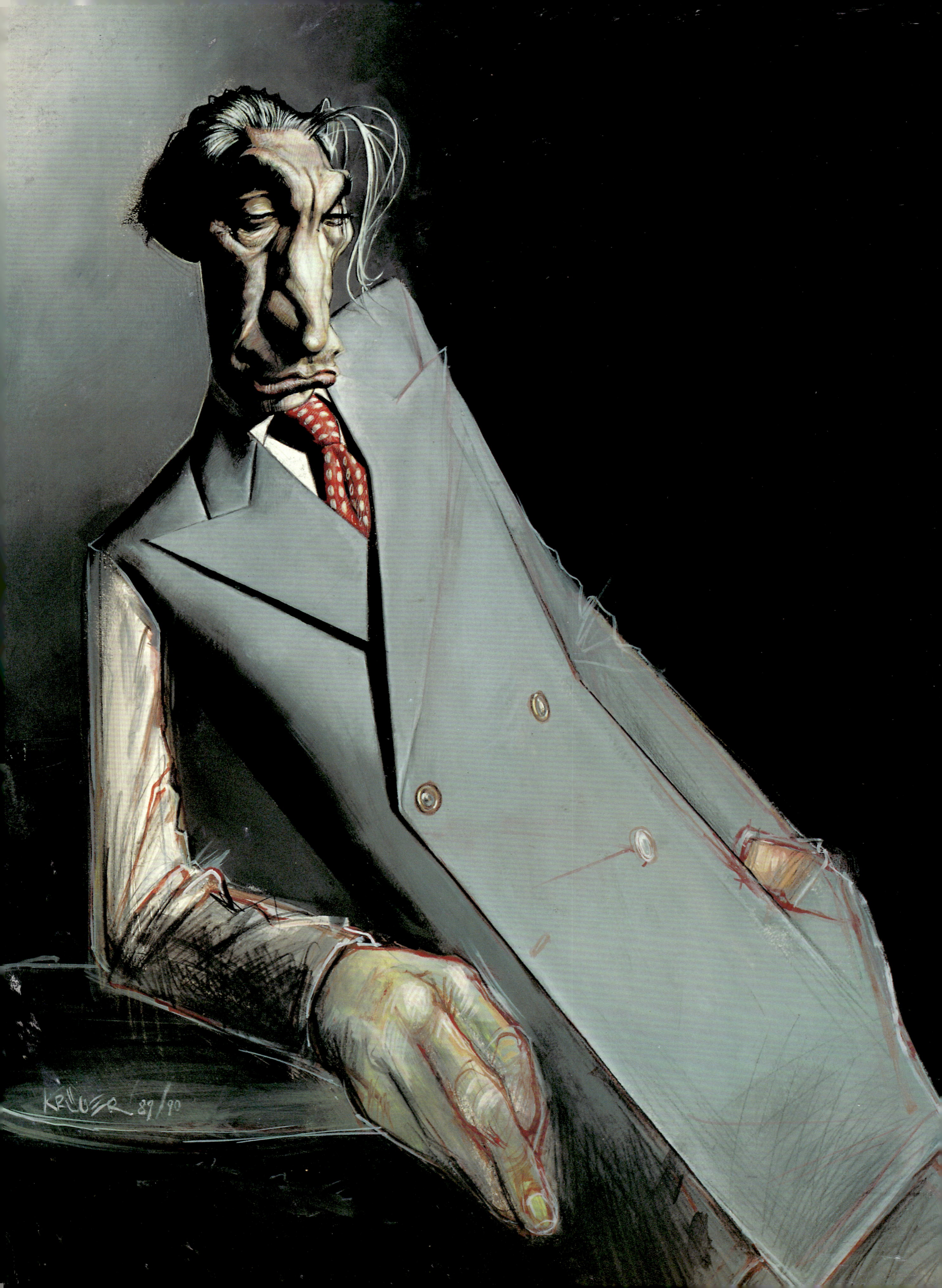
KRÜGER 89/90

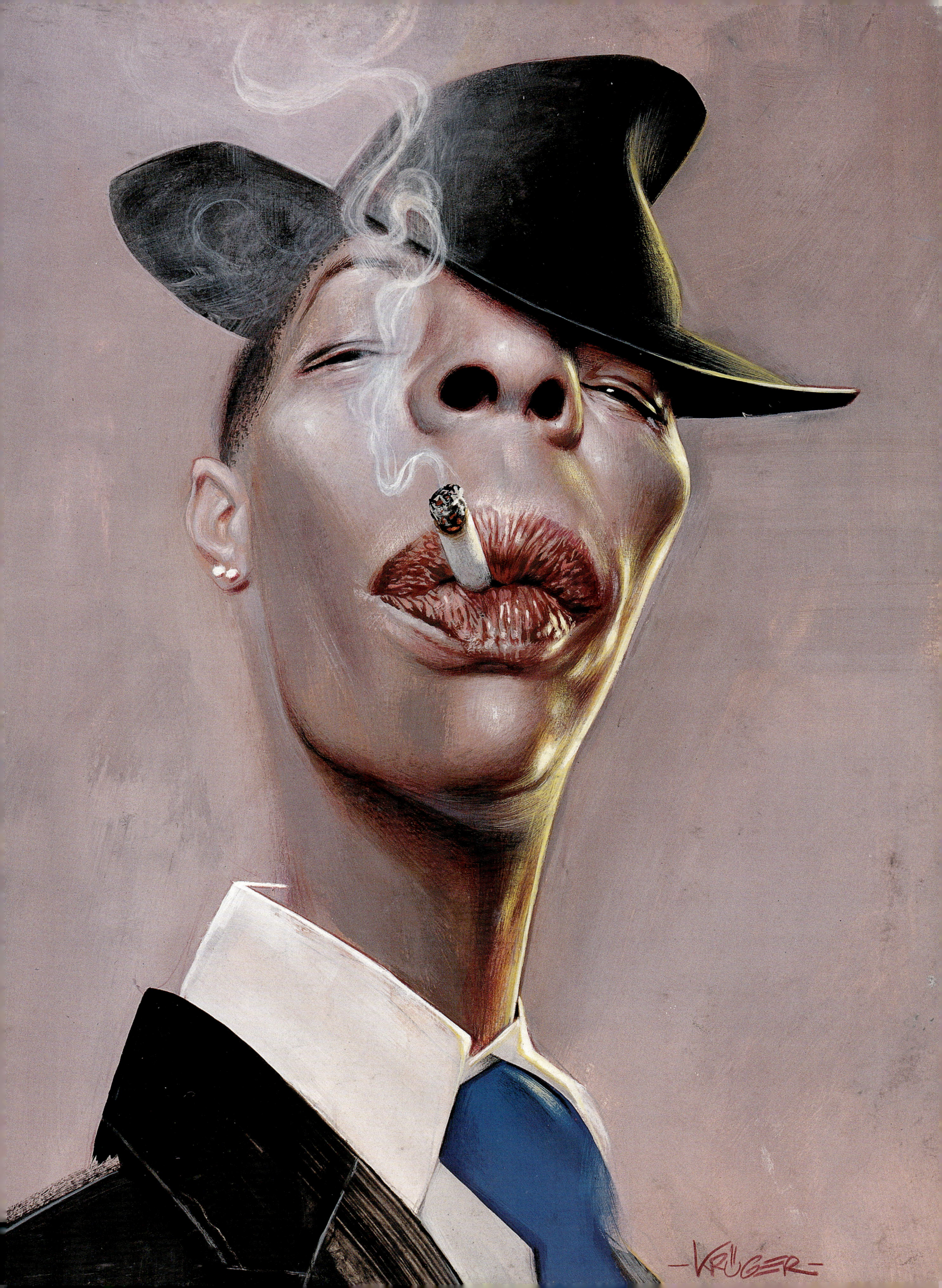
KRÜGER

Dylanstilz

Die Sixties wachen auf. Greenwich Village. Bob Dylan trifft John Lee Hooker. Und Woody Guthrie. Der junge Kopist wird schnell zum Original. 1963, sein zweites Album ist bereits ein As: »The Freewheelin' Bob Dylan«. Er wird zum Rimbaud des Folk, ein Querläufer mit Näselstimme. 1965 erbebt die Jüngerschaft. Auf »Bringing it All Back Home« klampfte der Guru elektronisch. Dylanstilz rief die Geister der Zeit zum Tanz nach seiner Geige, wurde zum Drogentaucher, zelebrierte im Dokumentarfilm »Don't Look Back« öffentlich sein Martyrium. Mit der grandiosen Begleittruppe »The Band« segelte er weiter zu neuen Ufern. Der brüske Zwischenhalt im Juli 1966: Motorradunfall. 18 Monate im Réduit. Fastenzeit für Dylansüchtige, doch »Blonde on Blonde« als Notproviant. 1968, der Maestro und sein Comeback mit Gardemaß, »John Wesley Harding«. Dann Umstieg in den Neo-Country-Dylanismus, »Nashville Skyline«. Seit 1970 zwingt er vermehrt die höheren Mächte, »New Morning«, »Slow Train Coming«, »Shot of Love«. In seinem Film »Renaldo and Clara« hat er sich vier Stunden lang ins Bild gerückt. Einer, der von seinem jüdisch-christlich-musikalisch-poetischen Fundus zehrt. Altbewährt, immer jung, Herr seiner selbst: »There must be some way out of here, said the Joker to the Thief/ There's too much confusion, I can't get no relief/Businessmen, they drink my wine, plowmen dig my earth/ None of them along the line know what any of it is worth.« (Aus: »All along the Watchtower«, 1968.)

Robert Allen Zimmerman, genannt
Bob Dylan
* Duluth, Minnesota, USA. 24. Mai 1941.

Bob Dylan, 1997, 100 x 65 cm

Unchained Johnny

Auf den väterlichen Baumwollfeldern hat er sich als Kind blutige Finger geholt, den Sinn für die Härten des Alltags geschärft. Er diente bei der US-Air-Force im deutschen Landsberg, klampfte mit »The Landsberg Barbarians«. Kehrte 1954 zurück in die Heimat, »Hey Porter/ Cry, Cry, Cry«. Mit King Elvis vor Augen die eigene Karriere geschmiedet, unbeugsam und stolz. »Ballad Of A Teenage Queen«. Seine Konzerte in den rauhen Gefängnissen von Folsom und San Quentin sind Geschichte, dort hat er den schwersten Jungs seinen Blues eingelöffelt, »A Boy Named Sue«. Er kennt das Elend der Drogen, die Medikamentensucht, und der Satz »I shot a man in Reno just to watch him die« hängt ihm nach. Er ist »The Man in Black«, der einsame Reiter durch sein Universum aus Folk, Blues, Gospel, Rock und Soul. »Ring of Fire« und »I Walk the Line«. Ein Granitmann, aber fragil, beschirmt von Gattin June Carter und »The Carter Family«. Er ist der personifizierte Mythos des Countryfolk, der wahre Patriot, das Adlerauge auf »Uncle Sam« und seine düsteren Geschäfte gerichtet. Seit 1994 feiert er das größte seiner bisherigen Comebacks, »American Recordings«, und »Unchained« mit Tom Petty. Johnny Cash altjung, Erzengel der Coolness.

J. R. Cash, genannt
Johnny Cash
* Kingsland, AR, USA. 26. Februar 1932.

Johnny Cash, 1996, 70 x 50 cm

Mister Influental

Nur in einem Auge Licht, aber der hellsichtigste Bluesmann. Und ein Womanizer par excellence: »You can squeeze my lemon till the juice run down my legs.« Das Gitarrenspiel als Liebelei, der Gesang ein Dauerflirt: »Sweet Home Chicago«, »Ramblin' on My Mind«, »I Believe I'll Dust My Broom«. »Preachin' Blues«, »Terraplane Blues«, »Love in Vain«. 29 Songs hat er auf Schallplatte deponiert, greifbar für alle: »Robert Johnson – The Complete Recordings«. Jede Nummer ein Edelstein, weil Takt für Takt dem eigenen Leben entrissen. Dieses war bewegt, von Tragik durchlöchert. 1930 verlor er die Frau und das ungeborene Kind bei einem Unfall. Doch die Trauer gebar neue Kraft. Von Musikern wie Willie Brown und Son House hat er gelernt, einen Stil gezimmert, der Vorbild wurde. Für Sonny Boy Williamson, Howlin' Wolf, Elmore James, Memphis Slim, Eric Clapton, Keith Richards. 1938 das frühe Ende für Johnson. Er machte die Rechnung ohne den Wirt, als ihm ein gehörnter Barmann – aus Rache vermutlich – tödliches Gift ins Whiskeyglas schmuggelte: »Hello Satan, I believe it's time to go.« Nun wacht der König der Delta-Blues-Sänger im anonymen Grab, unvergessen weil unüberhörbar.

Robert Johnson
* Hazlehurst, Mississippi, USA. 8. Mai 1911?
† Greenwood, Mississippi, USA. 16. Aug. 1938.

Robert Johnson, 1991, 70 x 50 cm

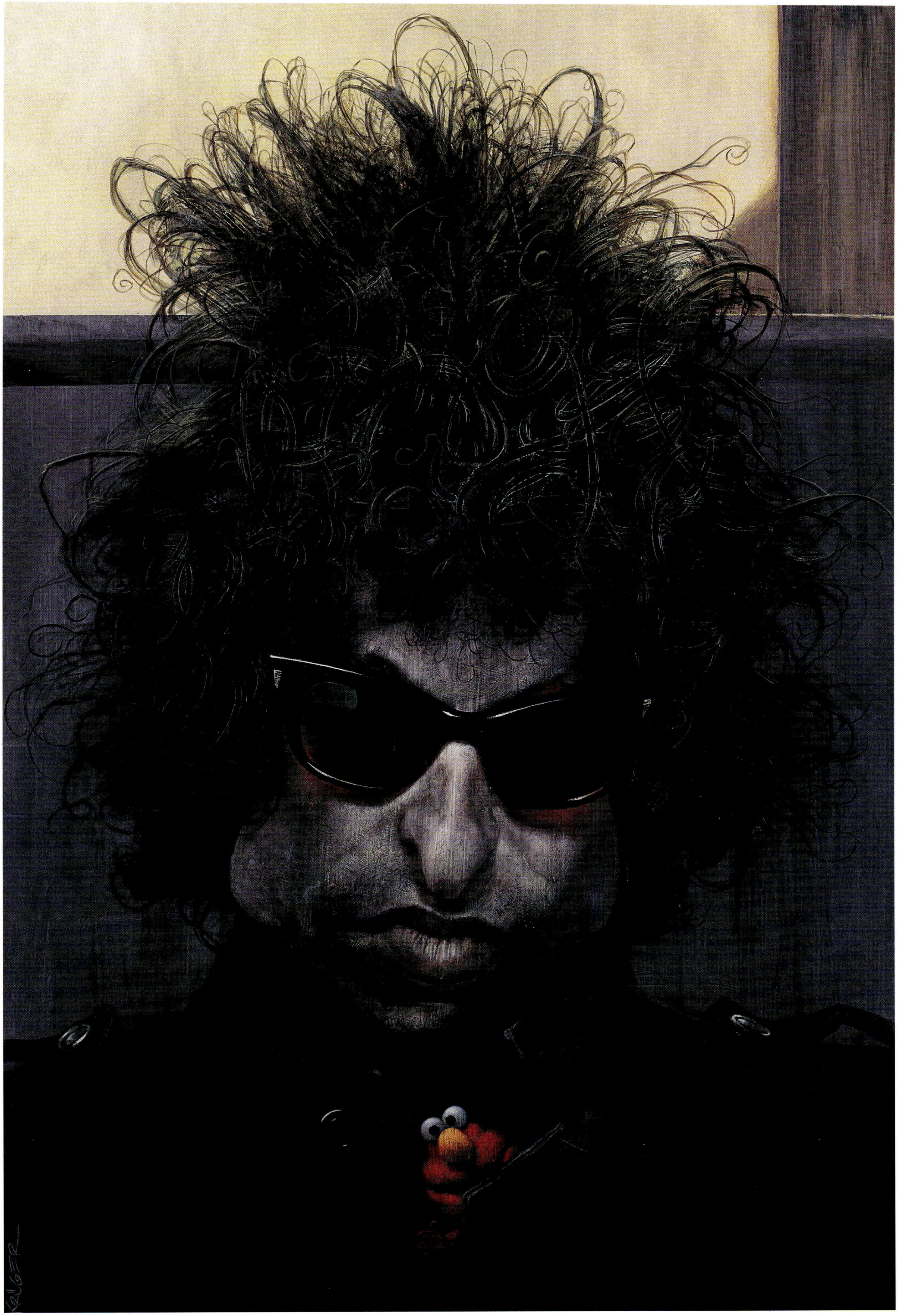
KRÜGER

"I SHOT A MAN IN RENO JUST TO WATCH HIM DIE!"

JOHNNY CASH!

LOREN

Kruger '96   JOHN!

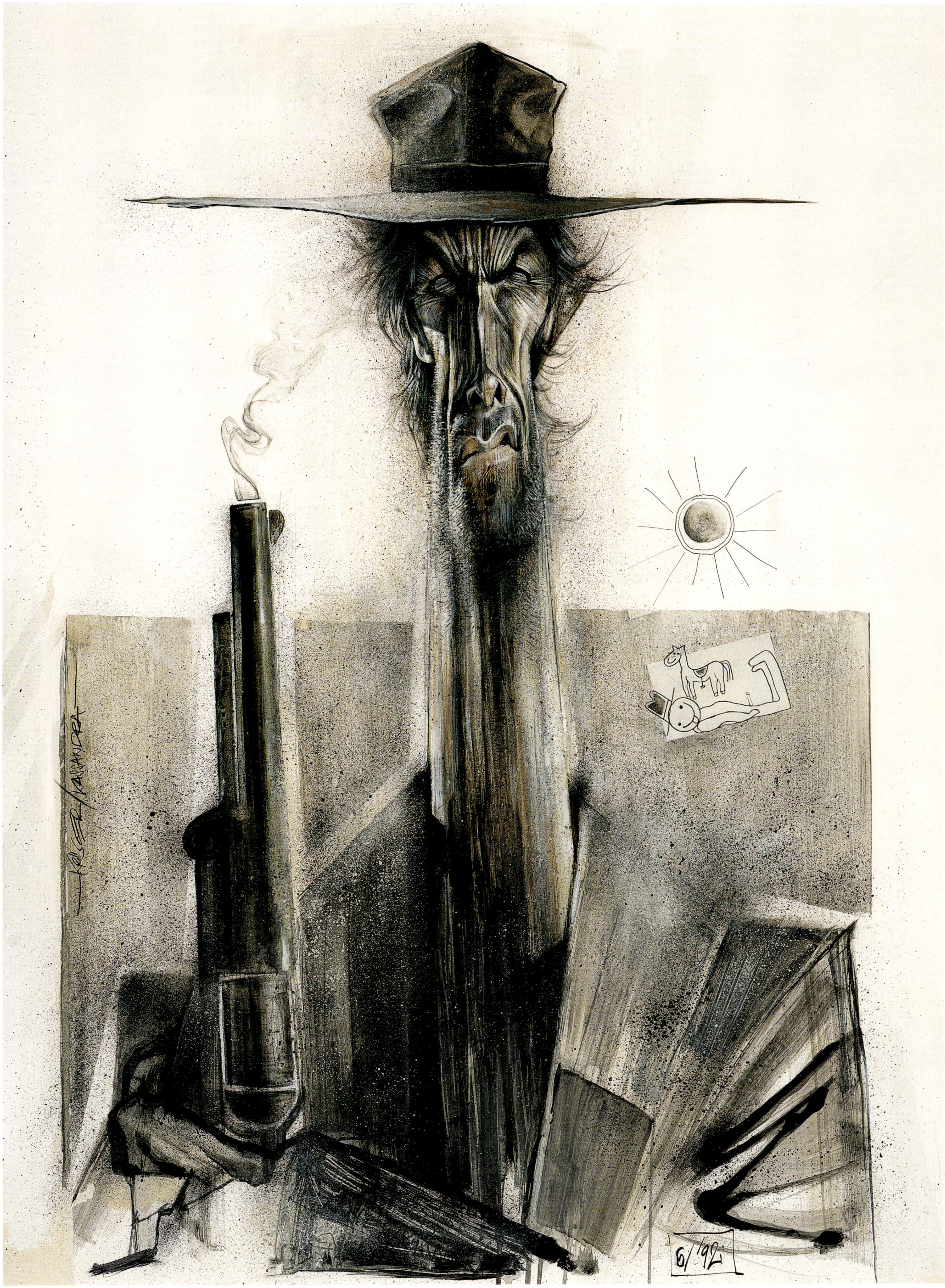
6/'92

Kingbee

Schullehrer a. D., jazzrockender Bassist, das Namenskürzel von einem schwarzgelben T-Shirt abgeleitet. 1977 gründet Sting das progressivste Rocktrio der achtziger Jahre, »The Police«. Hits wie vom Fließband: »Don't Stand so Close to Me«, »Message in a Bottle«, »Every Breath You Take«, »Roxanne«, »Walking on the Moon«. Als Schauspieler im Who-Musicalfilm »Quadrophenia« und anderswo. Dann Differenzen mit Stewart Copeland und Andy Summers, die Trennung und Stings Aufbruch zu neuen Zielen. Als Soloentertainer immer mehr im Rampenlicht, die Jazzpassion als Transmissionsriemen, »Nothing Like the Sun«, »Ten Summoner's Tales«. Politisiert gerne die Musikperformance: Proteste gegen Chiles Diktator Pinochet, Spenden für dissidente chinesische Studenten, Auftritte für Greenpeace oder die Kayapo-Indianer im brasilianischen Regenwald. Sting schillernd und ambitiös, mit Brecht und Weill und Shakespeare im verbalen Bunde. Mit Branford Marsalis, Omar Hakim, Gil Evans, Eric Clapton, Bryan Adams, Tina Turner et alteri auf Tonsafari. Er ist extravagant dandyhaft, hat den Stachel der Eitelkeit aufgerichtet, stand einmal nackert auf einem Bein auf der Titelseite von »Vanity Fair«. Und ist salopp beim Wort: »Pretend I'm stupid? If that's the alternative, I'd rather be a pretentious wanker.«

Gordon Matthew Sumner, genannt

Sting
* Wallsend, GB. 2. Oktober 1951.

Sting, 1996, 70 x 50 cm

Rust Never Sleeps

Mit 15 wurde die Ukulele, dann die Gitarre zur Lanze. Von Kanada exilierte der musikalische Trapper Neil nach Kalifornien, es kam zum Schulterschluß mit Stephen Stills, man gründete »Buffalo Springfield«, dann »Crosby, Stills, Nash & Young«, die Supergruppe: »Déjà vu«, »American Dream«. Doch Neil war nie ein Nesthocker, stets hatte er das Neue im Visier, den Solopfad. So mischte er alles zusammen nach seinem Gusto, Folk, Country, Pop, Rhythm 'n' Blues, Grunge. Er ist ein brillanter Sammler, er hat musikalisch vielleicht nichts erfunden, aber vieles nochmals: »Everybody Knows This Is Nowhere«, »After the Goldrush«, »Harvest«, »Rust Never Sleeps«, »Tonight's the Night«, »Harvest Moon«, »Mirror Ball«. Jedes seiner Alben ist ein überraschendes Mirakel, nostalgisch und hypermodern zugleich und vor allem anderen stets menschlich, forever Young. Dem »Nirvana«-Sänger Curt Cobain hat er »Sleeps with Angels« aufs Grab geschrieben, mit dem Titelsong zum Film »Philadelphia« fast einen »Oscar« abgeholt. Seine Stammband »Crazy Horse« ruft er immer noch als Eskorte herbei, aber er fördert auch die Jungstars von »Pearl Jam« ohne Neid. Der schlaksige Alte mit der unverwechselbaren Stimme ist unverbraucht und hält mit: »I just hate being labeled. I hate to be stuck in one thing. I just don't want to be anything for very long. I don't know why. I just want to keep moving, keep running, play my guitar.«

Neil Young
* Toronto, Kanada. 12. November 1945.

Neil Young, 1995, 70 x 50 cm

Femme Vital

Jung bereits verliebt ins Sprachgewirr von Burroughs, Rimbaud, Yeats. Auf den Pariser Straßen hat sie die Boheme entdeckt, wurde zur Poetin der Wahrheit. Liiert war sie mit dem Dramatiker Sam Shepard, dem Edelfotografen Robert Mapplethorpe im New Yorker »Chelsea Hotel«. Treffen der Dichterinnen Yoko Ono und Patti. 1976 entstand »The Patti Smith Group«. Das Debütalbum »Horses« war ein Rohdiamant, die Rockwüste lebte auf: »Gloria«, »Land of Thousand Dances«, »My Generation«. Jeder Schrei eine Ode an den versifften Bleiglanz des Urbanen. Patti mit der Zechenstimme, blankeste Erotik, kohlenstaubig. Ihre Konzerte sind immer noch stolz-weibliche Hommagen an Jimi, Jim, »The Who«, »The Rolling Stones«, »The Pretty Things« oder Van »the Man« Morrison. Smith trieb den »R&B« über die Schamgrenze hinaus: »Radio Ethiopia«, »Easter«. Patty und die große Liebe zu Fred »Sonic« Smith von »MC5«. Als Mutter seiner Kinder zog sie sich jahrelang vom Showbusineß zurück. 1988 eine kurze Rückkehr ins Scheinwerferlicht, »Dream of Life«. Dann das Ende des Glücks. Ein Bruder tot, dann der Lebensfreund Robert Mapplethorpe, dann der unersetzliche Gatte Fred. Seit 1995 ist Patti wieder da, auferstanden, »Gone Again«. Ihre Musik so frisch wie anno Domini: »Three chord rock with the power of the word.«

Patti Smith
* Chicago, USA. 30. Dezember 1946.

Patty Smith, 1996, 50 x 32 cm

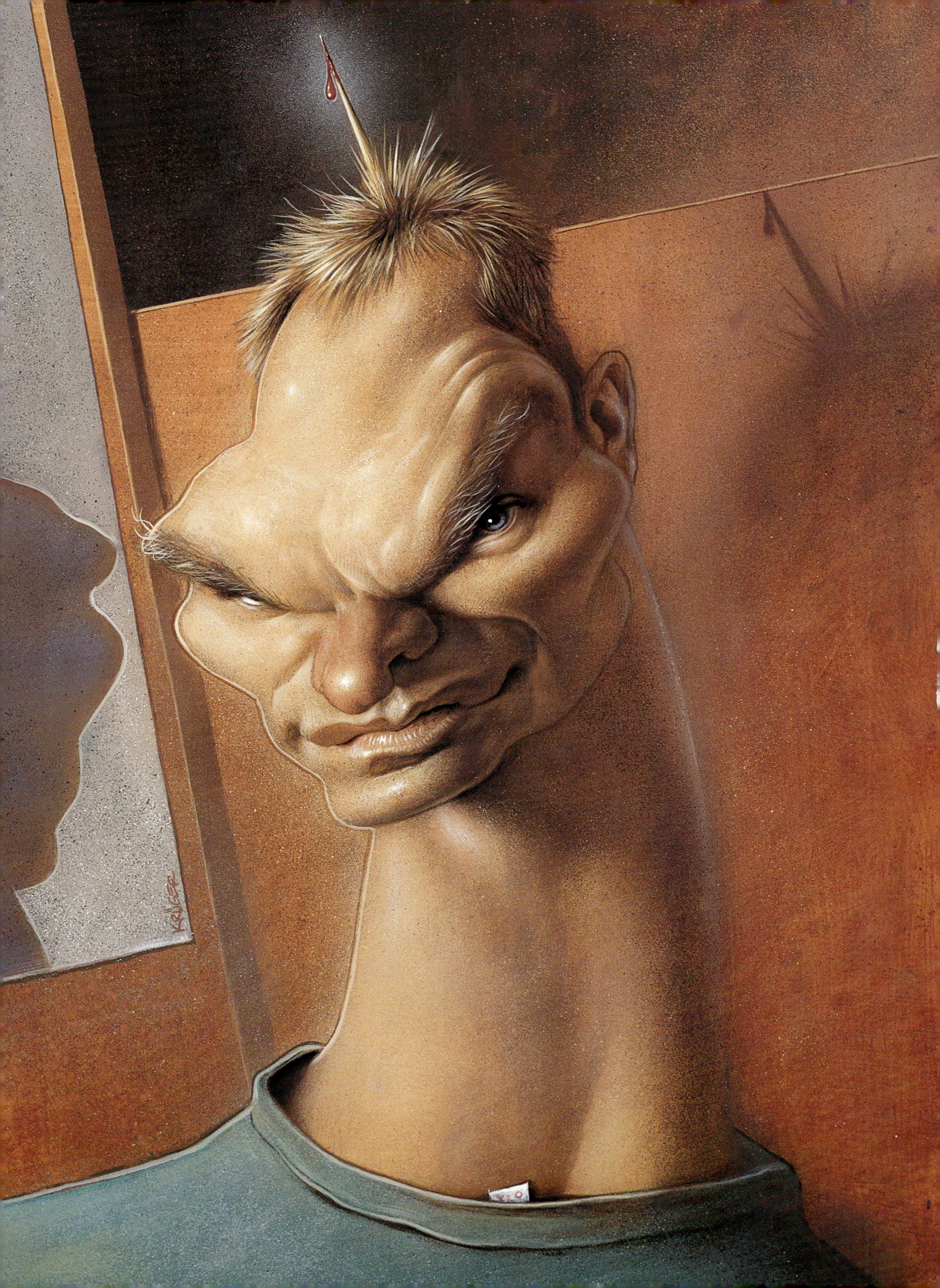

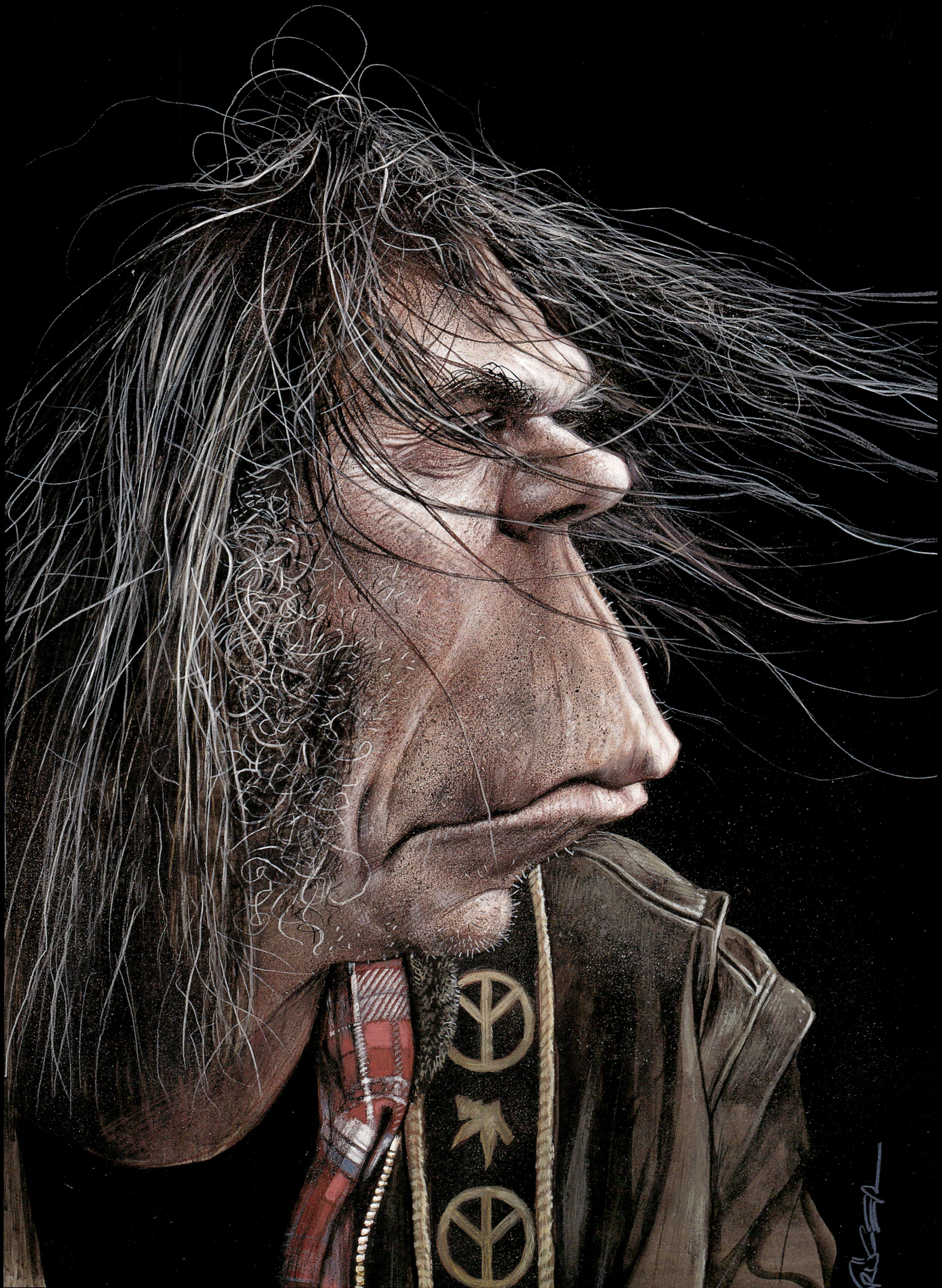

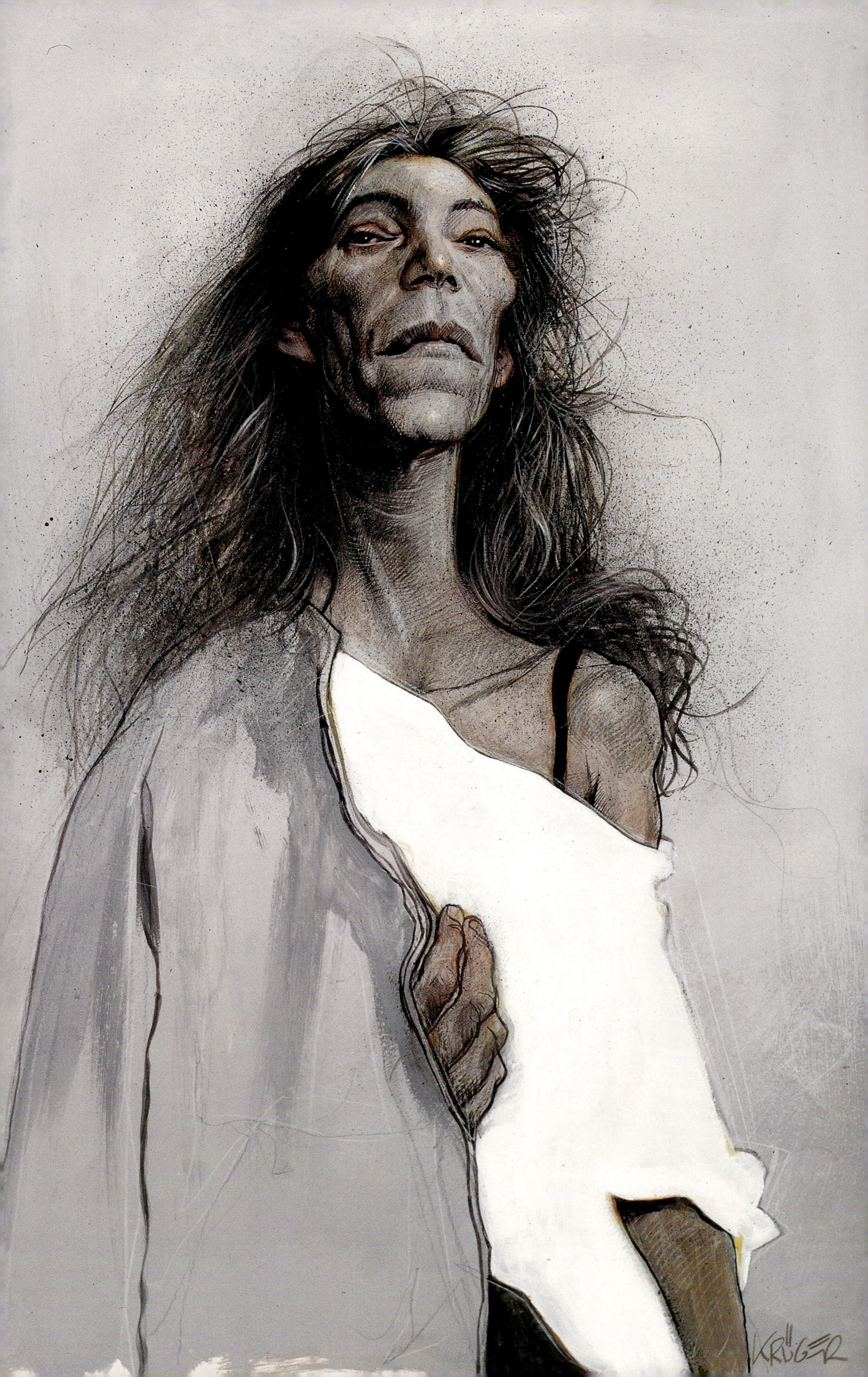
KRÜGER

Molto Bono

»U2«, seit 1976 die Kraftstofflieferanten des Multipop, Livegiganten, Könige des pompösen Gitarrenrock, der vokalistischen Politpathetik. Die Fangemeinde hingegossen, ergriffen von der irisch-christlichen Glaubenstradition nach Noten. Revoltenboys von der Grünen Insel, Dublin lads: The Edge, Larry Mullen jr., Adam Clayton, Bono. Stets im Clinch mit dem Kommerzschleim der Branche: »We shall continue to abuse our position and fuck up the mainstream.« Alben wie: »War«, »The Joshua Tree«, »The Unforgettable Fire«, »Achtung Baby«, »Pop«. Die Hymnen für den kollektiven HerzWeltSchmerz: »Sunday, Bloody Sunday«, »New Year's Day«, »Under a Blood Red Sky«, »I Still Haven't Found What I'm Looking For«. Bono ist der »U2«-Kopf, der Mister Wandelbar, der Irrwisch in T-Shirt und Latex, der Sonderling. Einmal kauft er ein Kostüm von Charles Chaplin aus »The Great Dictator« als Liebesgabe für das »Hard Rock Café« in Dublin, dann wieder protestiert er mit frecher Lippe in Paris gegen Frankreichs Atompolitik: »What a city. What a night. What a mistake. What a wanker you have for President.« Er ist Bono Skurrilo, der wahre Herzschrittmacher des popistischen Selbstbewußtseins: »Most people think we got kicked out of the Garden of Eden. I'm not so sure. I think, we kicked God out of it.«

Paul Hewson, genannt
Bono
* Dublin, Irland. 10. Mai 1960.

Death and the Maiden

Brechreizjungs, Punkheuler, Respekt vor gar nix. »The Sex Pistols« pißten an die blankgebohnerten Türen des Establishments. Die Debüt-LP »Never Mind the Bollocks, Here's the Sex Pistols« war ungeschminkte Provokation. Es gab Aufruhr im Buckinghampalast nach dem Vers »God Save the Queen/The Fascist Regime ...«. Und Nervosität in »10, Downing Street« nach dem Wort »Anarchy in the UK is coming sometime«. Die Pistolen waren eben nie feine Prinzen, nie sittsam-böse tote Hosen, dafür echt böse Onkels: Johnny Rotten, Steve Jones, Paul Cook und Sid Vicious. Jeder Baßhammer war ein Tiefschlag, jeder Song eine Attacke gegen das Biedertum. Doch das Pendel des Bösen schlug zurück, traf Vicious. Die Ursache war seine Amour fou mit der Amerikanerin Nancy Spungen. Sie liebten und sie schlugen sich. Im Januar 1978 rast Sid im Drogensuff in San Francisco durch eine Glastür, am 12.Oktober rammt er im New Yorker »Chelsea Hotel« seiner Braut ein Messer in den Leib. Sie tot, er unter Mordanklage, aber frei gegen Kaution. Am 2.Februar 1979 setzt sich Vicious den goldenen Schuß in die Venen. Filmregisseur Alex Cox hat die Punkdramödie 1986 nachgestellt: »Sid and Nancy«.

John Simon Ritchie, genannt
Sid Vicious
* London, GB. 10. Mai 1957.
† New York, USA. 2. Februar 1979.

The Father of Intervention

Provokateur, Tollkühntexter, satirischer Psychedeliker, Kulturzampano. Gitarrillo. Inspiriert von Muddy Waters, Johnny »Guitar« Watson, Igor Stravinsky, Anton von Webern, Edgar Varèse. Eklektiker, machte, was ihm musikalisch ins Herz stach, zum Partikel seines tönenden Schlaraffenlands. Captain Beefheart war ihm ein enger Gefährte, »Trout Mask Replica«. 1964 wurde Zappa zum Vater von »The Mothers of Invention«, in seinem Film »200 Motels« ließ er 1971 vaudevillehaft das Londoner »Royal Philharmonic Orchestra« aufspielen. Wegen Obszönitäten wurde er verurteilt und aus der »Royal Albert Hall« verbannt. 1971 verbrannte ihm in Montreux das Equipment, und »Deep Purple« fiel ein Hit zu: »Smoke on the Water«. Dann stieß ihn ein Fan von der Bühne, und er darbte ein Jahr im Rollstuhl. Doch Zappa blieb der anarchoclowneske Pendler zwischen allen Extremen. 1991 kokettierte er mit der Idee, US-Präsident zu werden. Dann kam die Krebsdiagnose, doch er wußte seine Visionen in guten Händen. Das deutsche »Ensemble Modern« entzückte ihn 1992 mit »The Yellow Shark«-Performance: »I've never had such an accurate performance at any time for the kind of music that I do.« Zappas Optimismus blüht fort wie ein Tattoo auf junger Haut: »I enjoy doing anything that is theoretically impossible and making it work.«

Francis Vincent Zappa, genannt
Frank Zappa
* Baltimore, Maryland, USA. 21. Dez. 1940.
† Los Angeles, USA. 4. Dezember 1993.

Bono, 1996, 70 x 50 cm

Sid Vicious, 1992, 100 x 65 cm

Frank Zappa, 1993, 100 x 65 cm

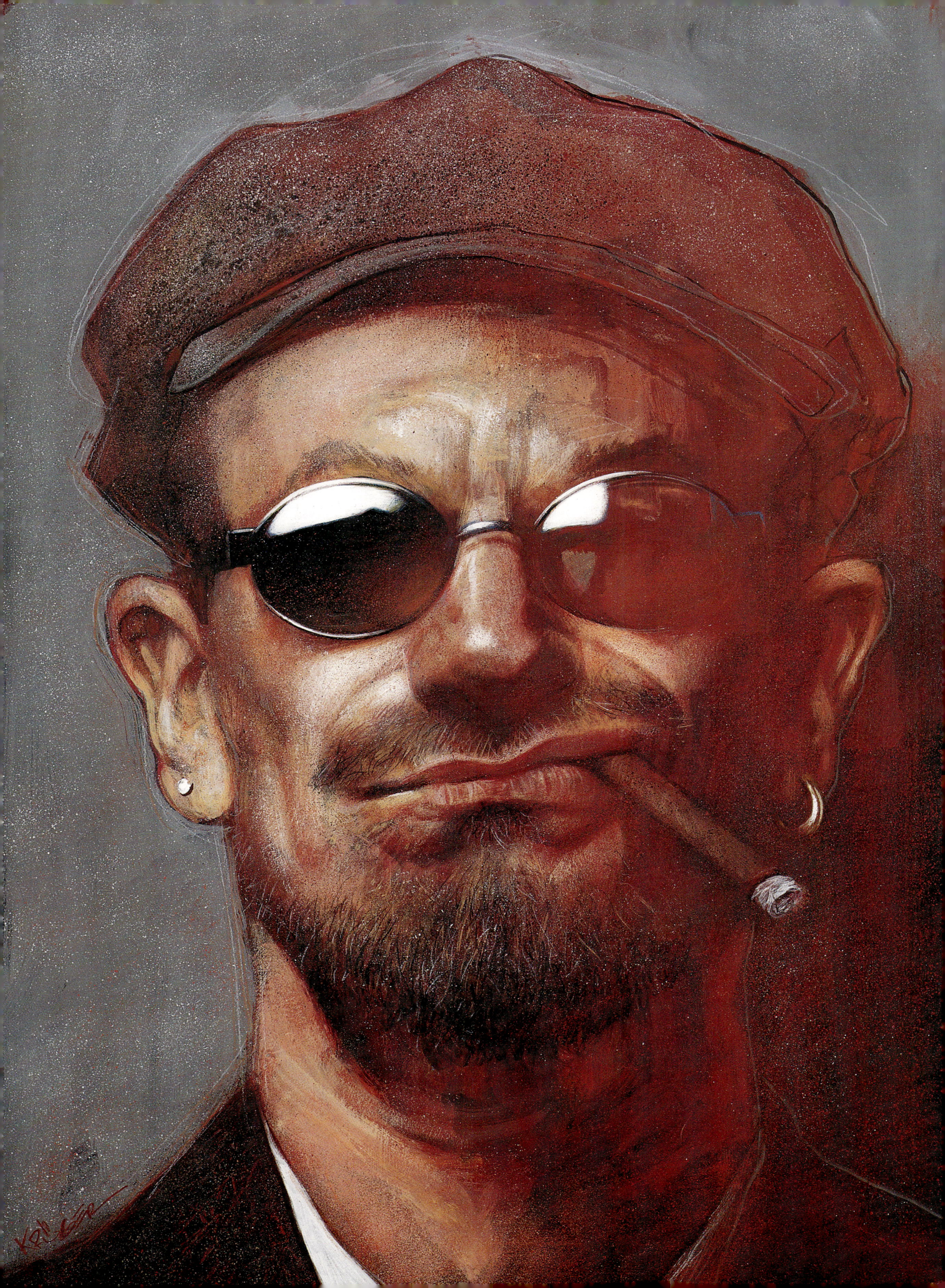

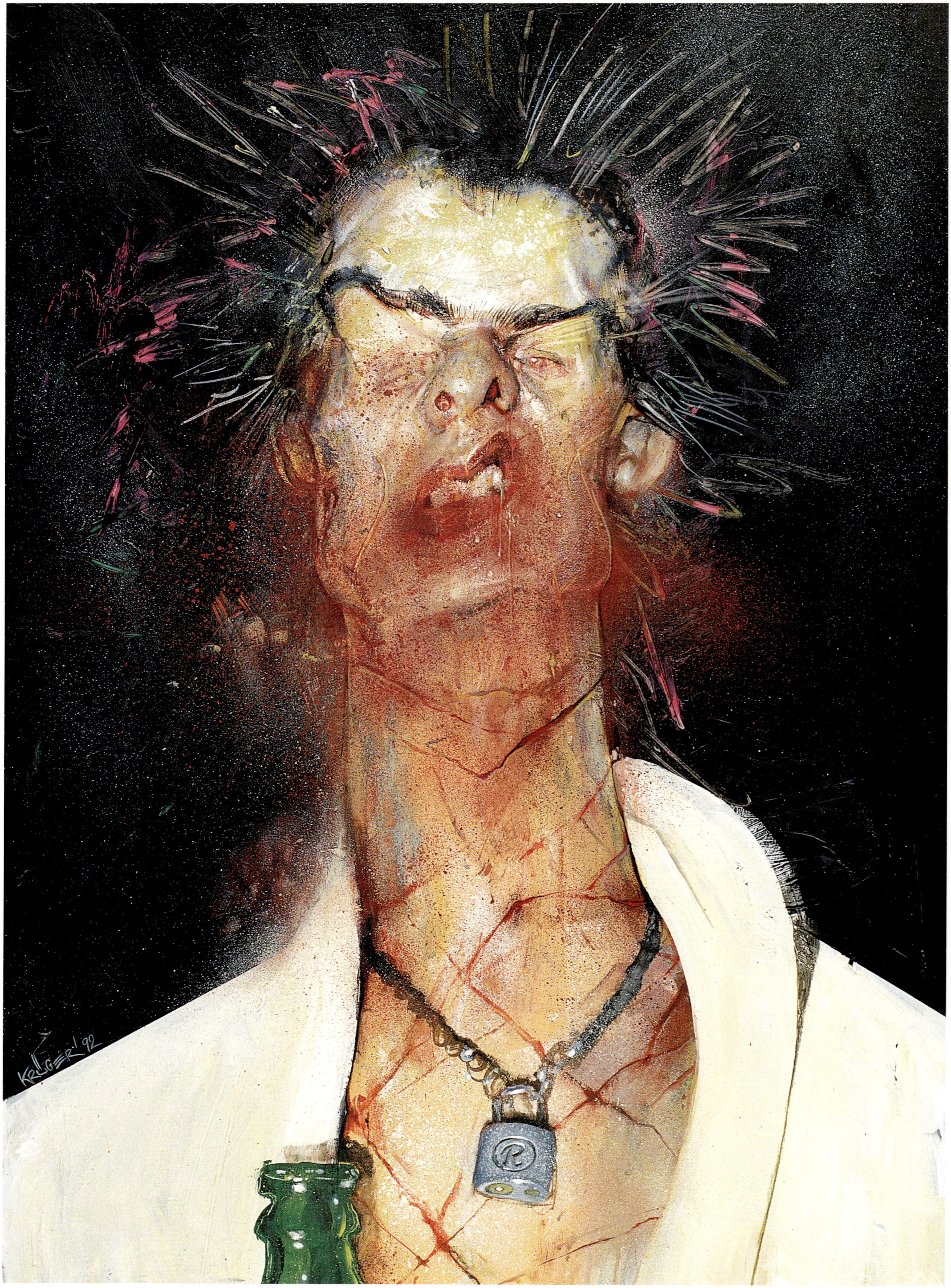
KRÜGER '92

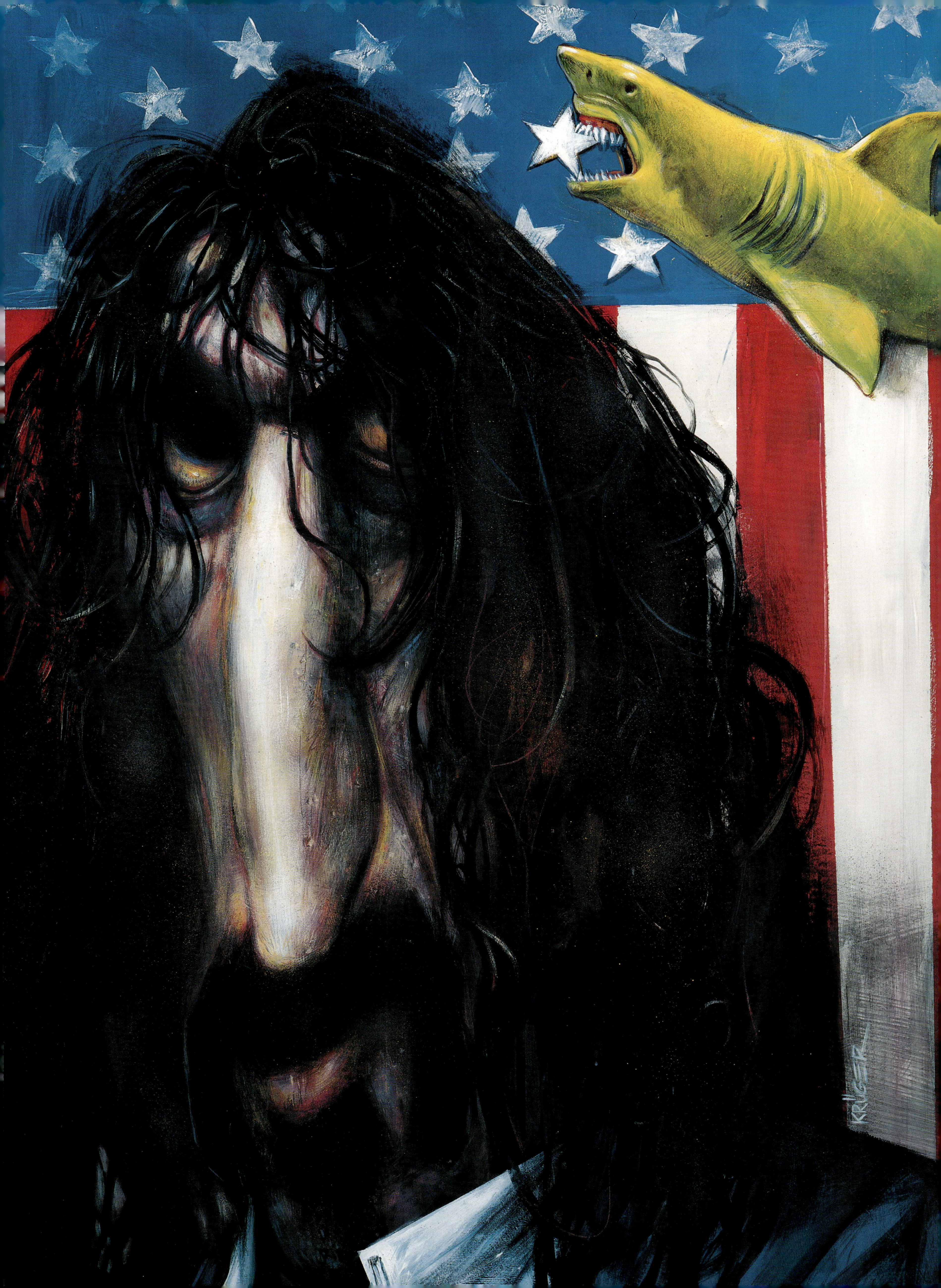
KRUGER

Tysonosaurus-Rex

Er ist zum Schrecksymbol der Kehrseite des American Dream geworden, die ehemalige Nummer 922335 im Knast von Plainfield, Indiana. Dort saß der eiserne Mike drei Jahre lang ein, wegen Vergewaltigung. Seit dem 25. März 1995 ist er wieder frei, zum Moslem mutiert, zur Knetmasse von Manager Don King degradiert. Ein Leibeigener mit Fäusten aus Stahl. Der Blick zurück: 1986 wird Tyson der jüngste Boxweltmeister aller Zeiten, im Schwergewicht. Er war einst vom legendären Trainer Cus d'Amato im Jugendgefängnis entdeckt worden. Cus war Mikes Vormund, Mentor, Vaterersatz. Nun ist er im Himmel, und Tyson steht lispelnd, einsam im höllischen Leben. Wütender als je zuvor, das Herz pumpt Blut, so kalt wie Eis. Trevor Berbick, Peter McNeely, Buster Mathis jr., Bruce Seldon, Frank Bruno hat er weggeputzt, doch James »Buster« Douglas hat ihn 1990 ausgeknockt, Evander Holyfield hat ihn am 9. November 1996 exekutiert. Tyson, der Granit aus Glas, nie wird er ein Box-Gentleman wie Henry Maske, Muhammad Alis Charisma bleibt ihm versagt. Man bringt einen Boxer aus dem Ghetto, aber nie das Ghetto aus dem Boxer. Das ist Mikes Schicksal, er wird wohl Phallusfäustling bleiben, glückloser Herr der Ringe, Tysonosaurus-Rex.

Michael Gerard Tyson, genannt
Mike Tyson
* Brooklyn, NY, USA. 30. Juni 1966.

Mike Tyson, 1993, 100 x 70 cm

Pos. 54°07,5'N 08°22,0'E; Mann mit Hut

1940 Abitur, Einberufung zur Wehrmacht. Sturzkampfflieger. 1943 Absturz über der Krim. Von Tataren gerettet, Filz wärmt, Fett birgt, Honig nährt. Deutsches Lazarett. Befehlsverweigerung, Degradierung, wieder Einsätze, Verwundungen. Britische Kriegsgefangenschaft. 1947 Kunststudium. 1961 Professur an der Kunstakademie Düsseldorf.
Sein Credo war die »soziale Plastik« als Pflicht. Gründete 1967 die »Deutsche Studentenpartei«, die »Organisation der Nichtwähler«, besetzte 1972 mit abgewiesenen Studenten das Sekretariat der Akademie, wurde fristlos entlassen. Materialien der Beuysschen Kunst: Batterien, Sender, elektronische Geräte, Röntgenbilder, Flaschen, Wolldecken, Mullbinden, Knochen, Haare, Blut, Dreck usw. War Aktionist, Installateur und sagte: »Ich nenne alles Zeichnung.« Gründete die »Partei der Tiere«. Führte 1974 in New York die Aktion »I like America and America likes Me« durch, mit einem lebenden Kojoten als Partner. 130 Einzelausstellungen, die Arbeit als Energiegenerator: »Ich ernähre mich durch Kraftverschwendung.« Liebte luxuriöse Autos, Cadillac, Lincoln Continental, Bentley. Spielte Cello und Klavier, rezitierte, sang. 1961 verlor er nach einem Unfall eine Niere, 1975 erlitt er einen Herzinfarkt. Der Satz »Immer wachsam sein« wurde zu seiner Devise. Das Sterben 1986, im April wird seine Asche in drei Bronzegefäße verteilt und in der Nordsee beigesetzt: »Der Tod hält mich wach.«

Joseph Beuys
* Krefeld, Deutschland. 12. Mai 1921.
† Düsseldorf, BRD. 23. Januar 1986.

Joseph Beuys, 1993, 100 x 70 cm

Le mystère P.

Von der Corrida fasziniert, von der Schönheit des Leidens und des Todes. Der Stolz Spaniens. Strawinsky, Cocteau, Valéry, Apollinaire, Braque waren Picassos Freunde. Er aber wurde zum Dirigenten der Philharmonie malerischer Stile und Perioden. Blau und Rosa. Kubismus. Konkret. Abstrakt. Der stete Wandel war sein Nektar, alles außer Rand und Rahmen zu zwingen seine Passion. Er hat dem deutschen Bombenfaschismus mit einem einzigen Bild die Larve vom eiternden Gesicht gerissen, »Guernica«. Und als Kommunist 1949 eine Taube gemalt, die zum Frieden weist. Von den Wundern der Welt hat er sich viele Bilder gemacht. Mit den klugen Augen des erwachsenen Kindes. Er, ein gigantischer Wicht in kurzen Hosen, mit Bunthemd, Zigarette. Henri-Georges Clouzot hat 1956 im Film »Le mystère Picasso« das Rätsel des Menschen P. lösbarer gemacht, aus dessen Lenden Kraft strömte, der Menschen-Stier war, Zirkusmagier und weise: »Man braucht sehr lange, um jung zu werden.«

Pablo (Ruiz y) Picasso, genannt
Pablo Picasso
* Malaga, Spanien. 25. Oktober 1881.
† Mougins bei Cannes, Frankr. 8. April 1973.

Pablo Picasso, 1991, 100 x 70 cm

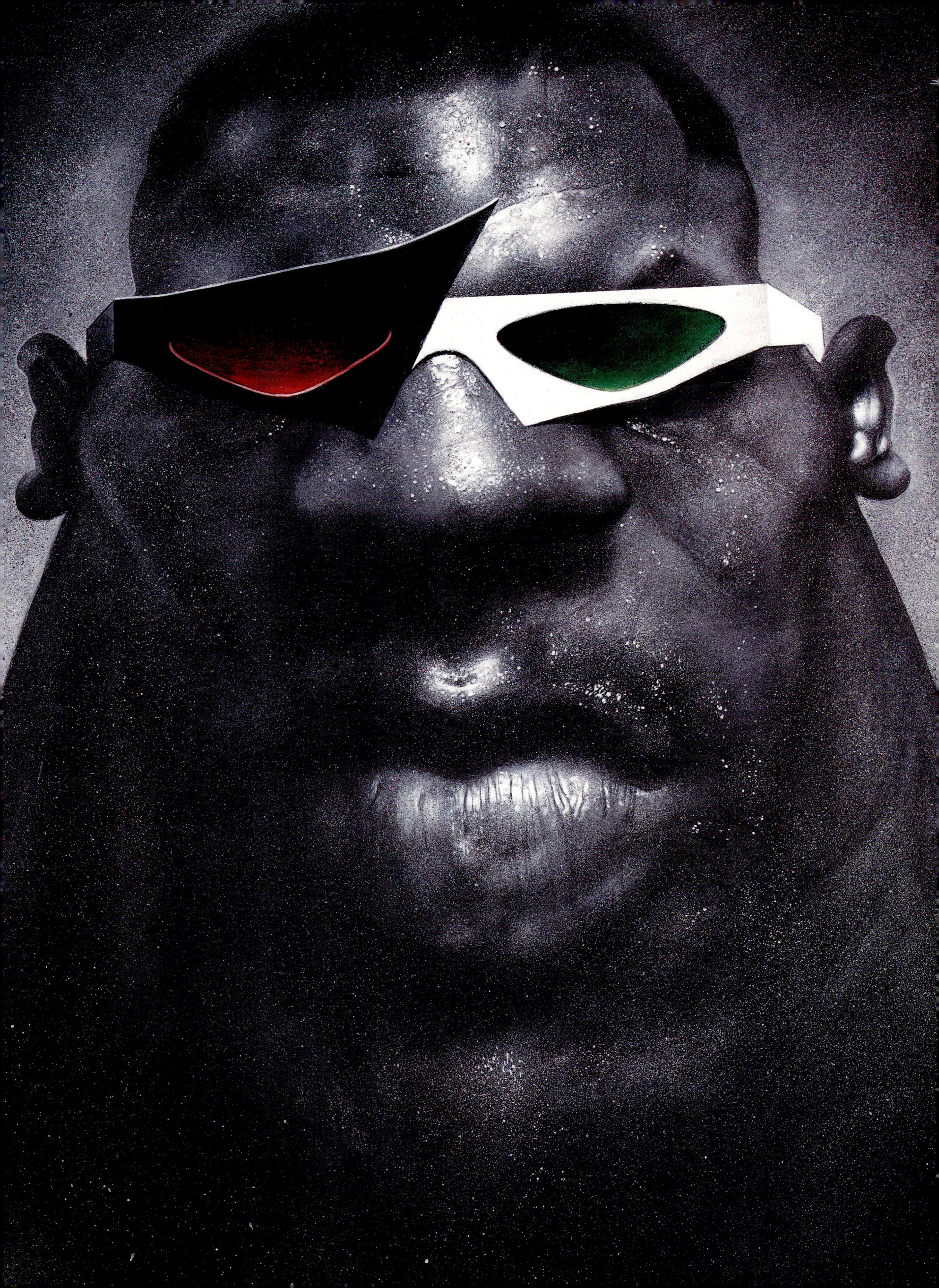

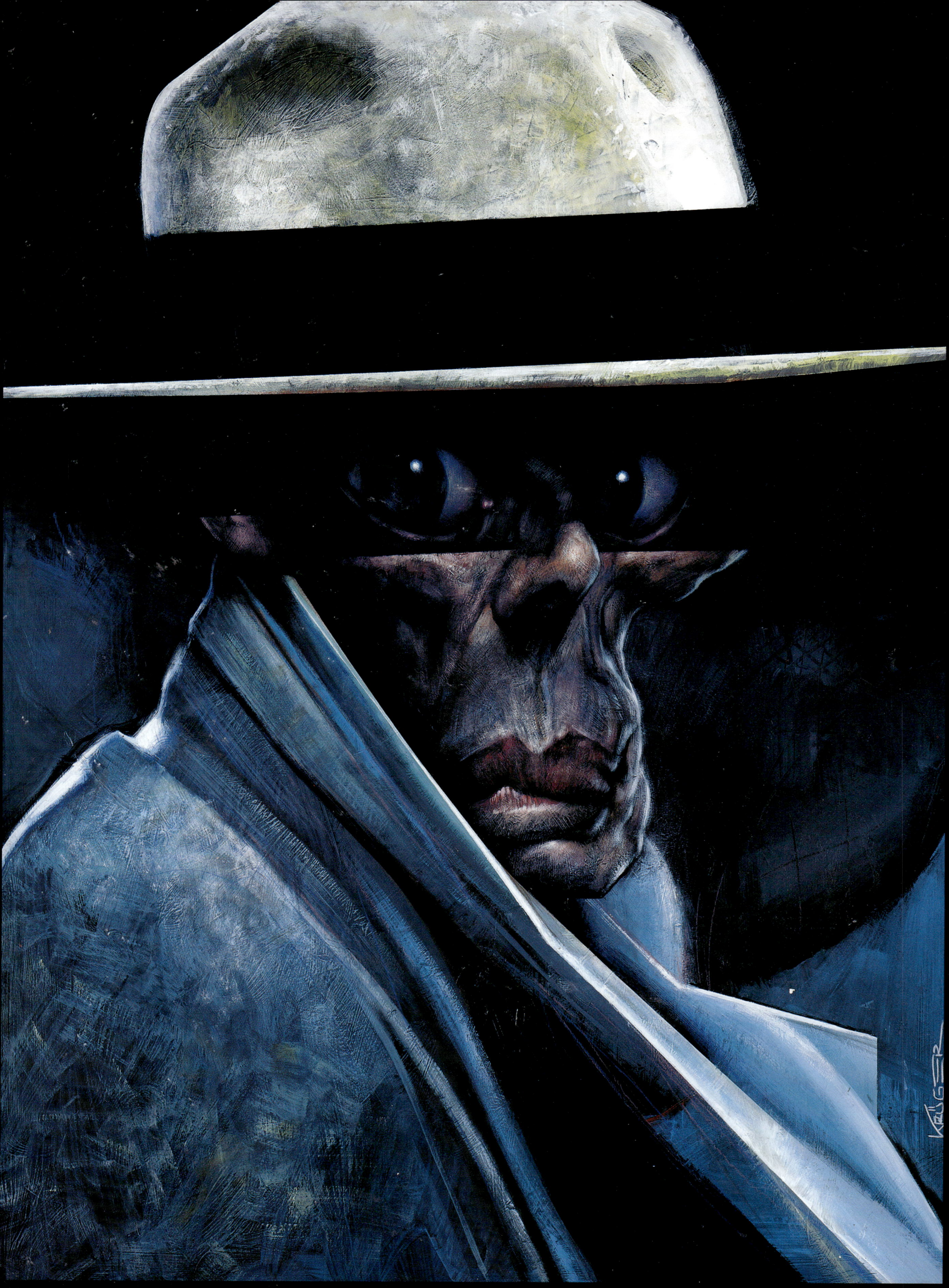

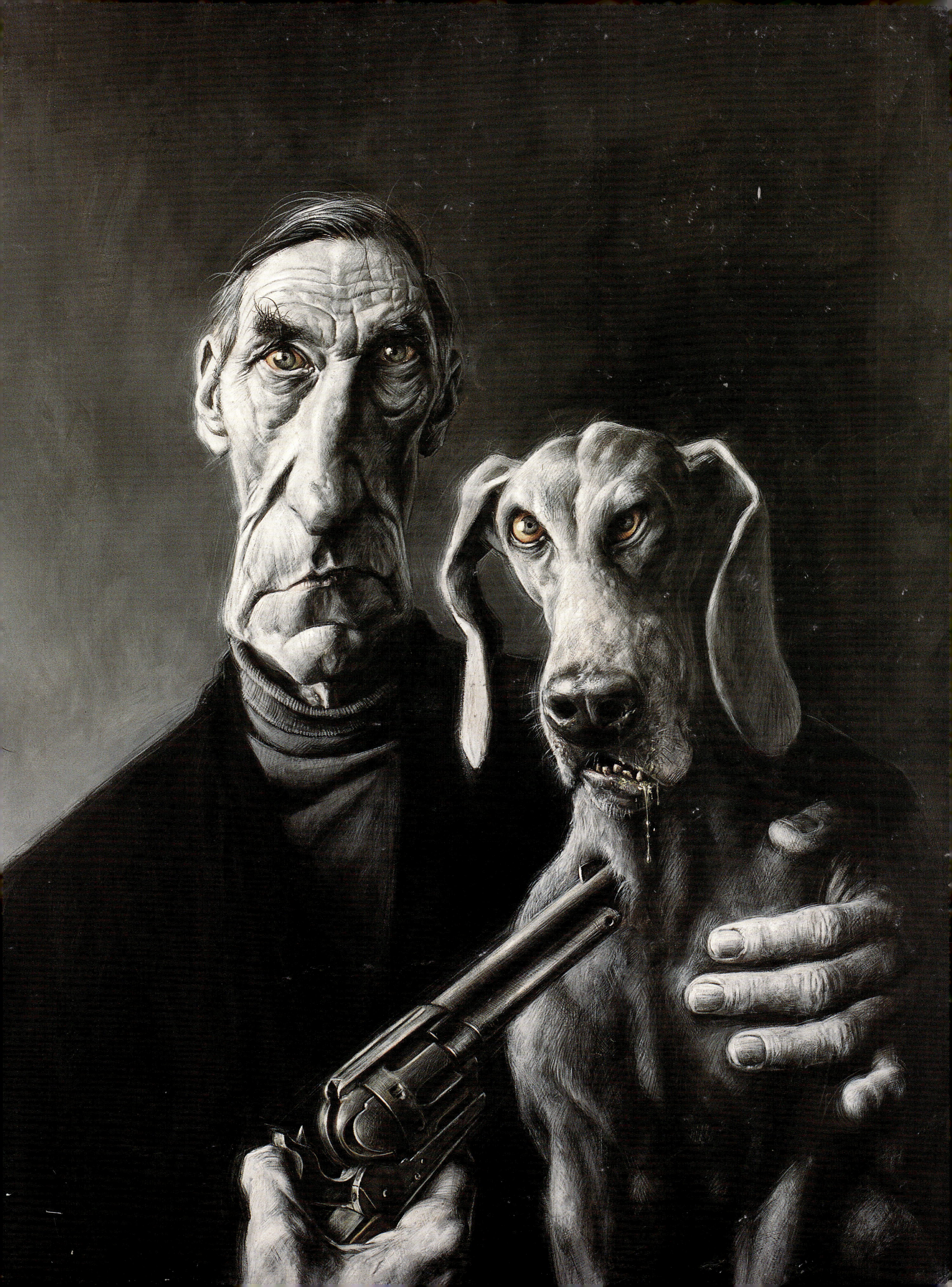

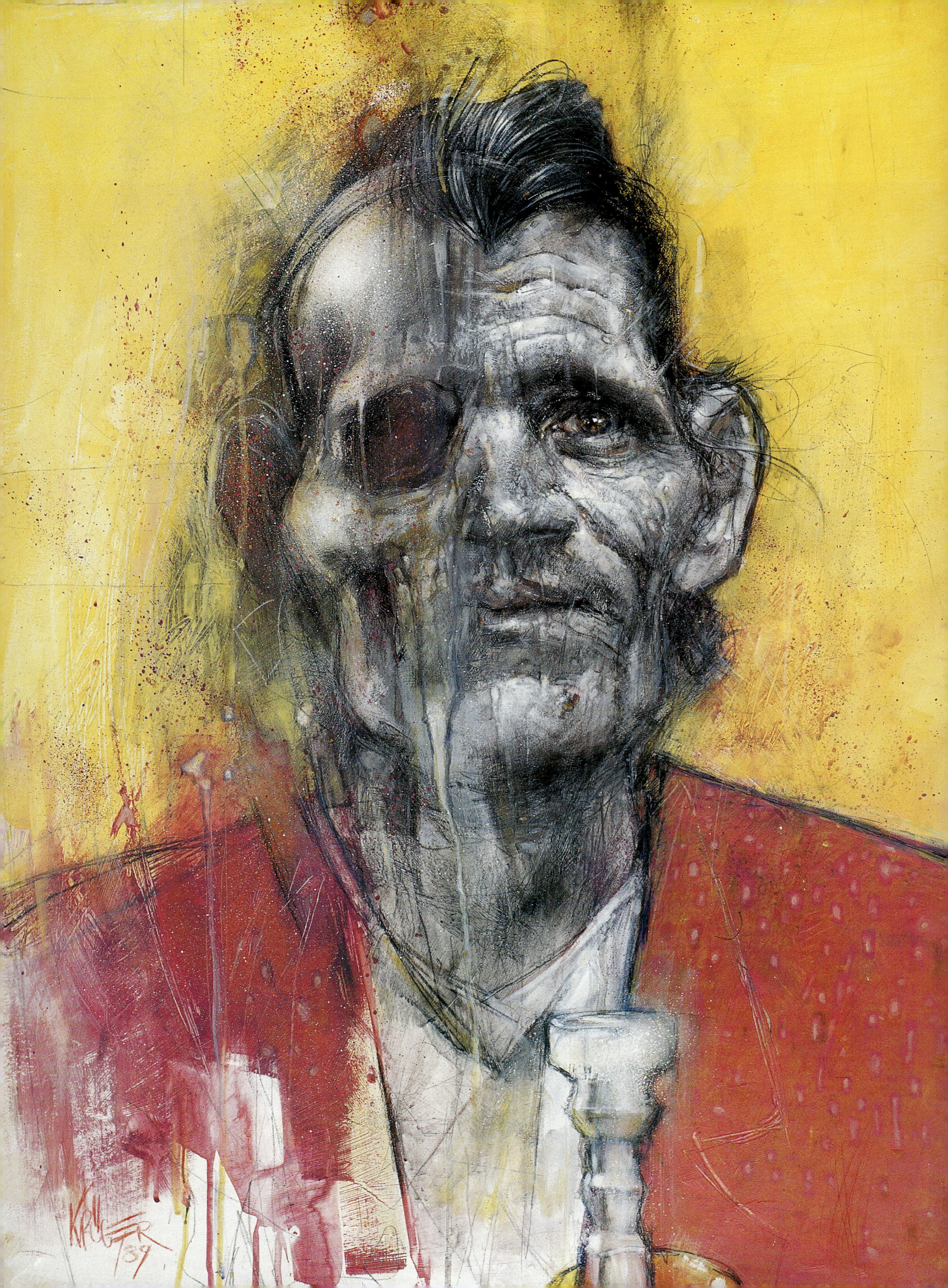

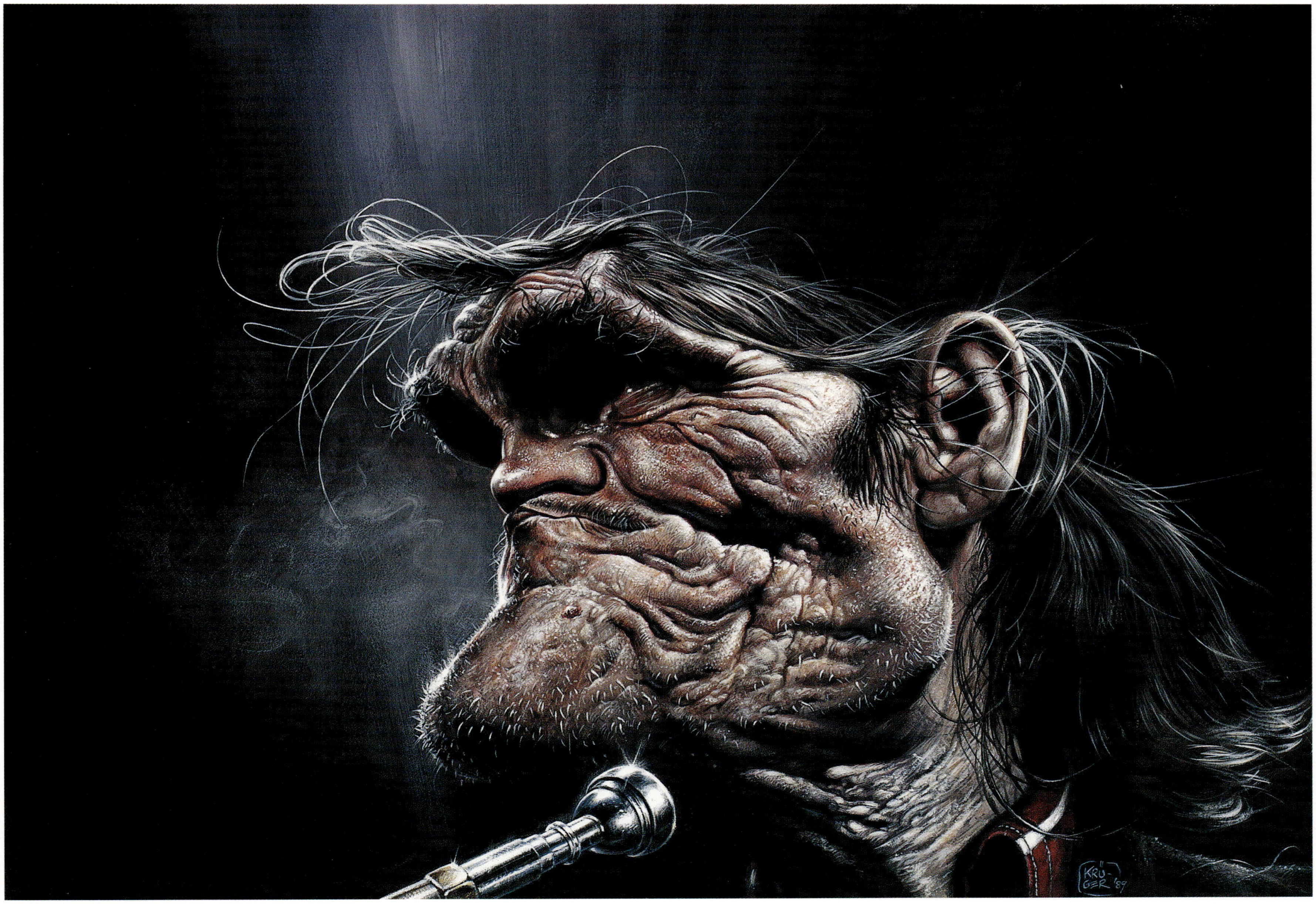

Marked Woman

Mit klassischer Schönheit gesegnet war sie keinesfalls, dennoch ist sie ein attraktiver Filmstar geworden. Die Davis hat immer hart gearbeitet, sich modellhaft gegen die Diktatur der mächtigen Filmstudios durchgesetzt, sogar aufgrund schlechter Rollenangebote die Arbeit verweigert und sich stets für die Sache der Filmfrauen eingesetzt. Mit »The Man Who Played God« schaffte sie 1932 den Durchbruch, in sechs Jahrzehnten hat sie in über 100 Filmen Akzente gesetzt, 10 Oscar-Nominationen geholt, zwei Statuetten gewonnen. Und als erste Künstlerin überhaupt den »Life Achievement Award« erhalten. Unvergänglich ihr Pas de deux mit Joan Crawford in »Whatever Happened to Baby Jane?«, das Meisterspiel in »All About Eve« oder das Melodram »The Whales of August«. Sie ist die Dame mit dem Vulkan im Gesicht, den Spuren vieler Gefühlsbrände. Sie war viermal verheiratet, hat nobel gelitten und ihre Verletzlichkeit nicht kaschiert. Ihre Autobiographie trägt den Titel »The Lonely Life«. Ihr Publikum allerdings blieb nie allein, denn Bette verwöhnte es mit dem, was es von ihr erwartete: »I adore playing bitches ... there's a little bit of bitch in every woman; and a little bit of bitch in every man.«

Ruth Elizabeth Davis, genannt
Bette Davis
* Lowell, Massachusetts, USA. 5. April 1908.
† Neuilly-sur-Seine, Frankreich. 6. Okt. 1989.

Punk Panther

»Gabba Gabba Hey« der Schlachtruf. Zügig und frischfleischig der Sound. »The Ramones«, stets in rasender Fahrt. Ohne Schnörkel und Schnick und Schnack. Joey Ramone die Leitstimme im Verbund mit den vorgetäuschten Brüdern Dee Dee und Tommy Ramone. Serienweise Hits vom Müllfließband, ultraquick, im Zweiminutenformat. »Blitzkrieg Bop«, »Teenage Lobotomy«, »Judy Is a Punk«, »I Wanna Be Well«, »Cretin Hop«, »Sheena Is a Punk Rocker«. Jedes Solo bloß einen Pulsschlag kurz, in den Arrangements kein Milligramm Bombastballast. Mit drei Akkorden pro Nummer ging's volle Pulle los, ins Gedärm des Publikums. »The Ramones«, das war New Wave Punk, gnadenlos auf den Punkt gespielt. Joey und Co. bildeten die US-Pleuelstange am Dampfroß des Angelsachsenpunk von »The Sex Pistols«, »The Damned«, »The Clash«. Allesamt im Ungleichklang harmonisch vereint. Joey Ramone, das Stimmband, 1977 von siedend heißem Teewasser schwer gebrandmarkt, im Gesicht, am Hals, an der Brust. 1983 dann kopfoperiert, nach einem Streit mit dem Musikerkollegen Seth Micklaw, um eines Weibes willen. »Oh Oh I Love Her So.« Angriffig wie die »Stones« zur Brunftzeit, derb wie »The Who« mit Keith Moon. Joey Ramone und seine Musketiere. »It's Alive«, ihr Album für jede Insel. Und 1995 »Adios Amigos«, Schwanengesang für Pilzkopffreaks, Lederjackenfetischisten, Sonnenbrillenmacker. »We wanted to kind of save rock 'n' roll, keep it exciting and fun and the whole bit.« Hey Joey.

Jeffrey Hyman, genannt
Joey Ramone
* New York, USA. 19. Mai 1952.

Rock 'n' Roll Animal

Dem Leben hat er früh die Stirn gezeigt, Journalismus studiert und kreative Schreibe. Wurde querer Poet, gebar ironische Songs, verpackt in simple Gitarrenakkorde. Als Twen gründete er mit J. J. Cale die »Velvet Underground«, eine soundhalluzinatorische Boje im Meer der Sixties-Avantgarde. Andy Warhol kreiert 1967 das Bananencover für das Album »The Velvet Underground featuring Nico«, das Publikum zieht endlich mit. Doch dann folgen Platzkämpfe in der Band, Krisenstimmung, Lou geht ab, übernimmt einen Bürojob bei Papa. 1973 folgt das logische Comeback. David Bowie produziert »Transformer«, mit Reeds Hitwurf »Walk on the Wild Side«. Dann wird ein junger Mythos unbequem: »Berlin« ist ein schriller Ohrenfilm über eine ménage à trois. 1975 die Steigerung, »Metal Machine Music«, ein wirrer elektronischer Klangmäander. Viele Reed-Songs sind Kultobjekte, »Heroin«, »Sally Can't Dance«, »Vicious«, »Waiting for the Man«, »Little Sister«. 1989 die Warhol-Hommage, zusammen mit dem Altspezie John Cale: »Songs for' Drella: A Fiction«. Reed ist eine beständige Marke, schlicht und gut: »One chord is fine. Two chords are pushing it. Three chords and you are into jazz.«

Louis Firbank, genannt
Lou Reed
* Freeport, Long Island, USA. 2. März 1943.

Bette Davis, 1997, 100 x 65 cm

Joey Ramone, 1992, 100 x 70 cm

Lou Reed, 1996, 70 x 50 cm

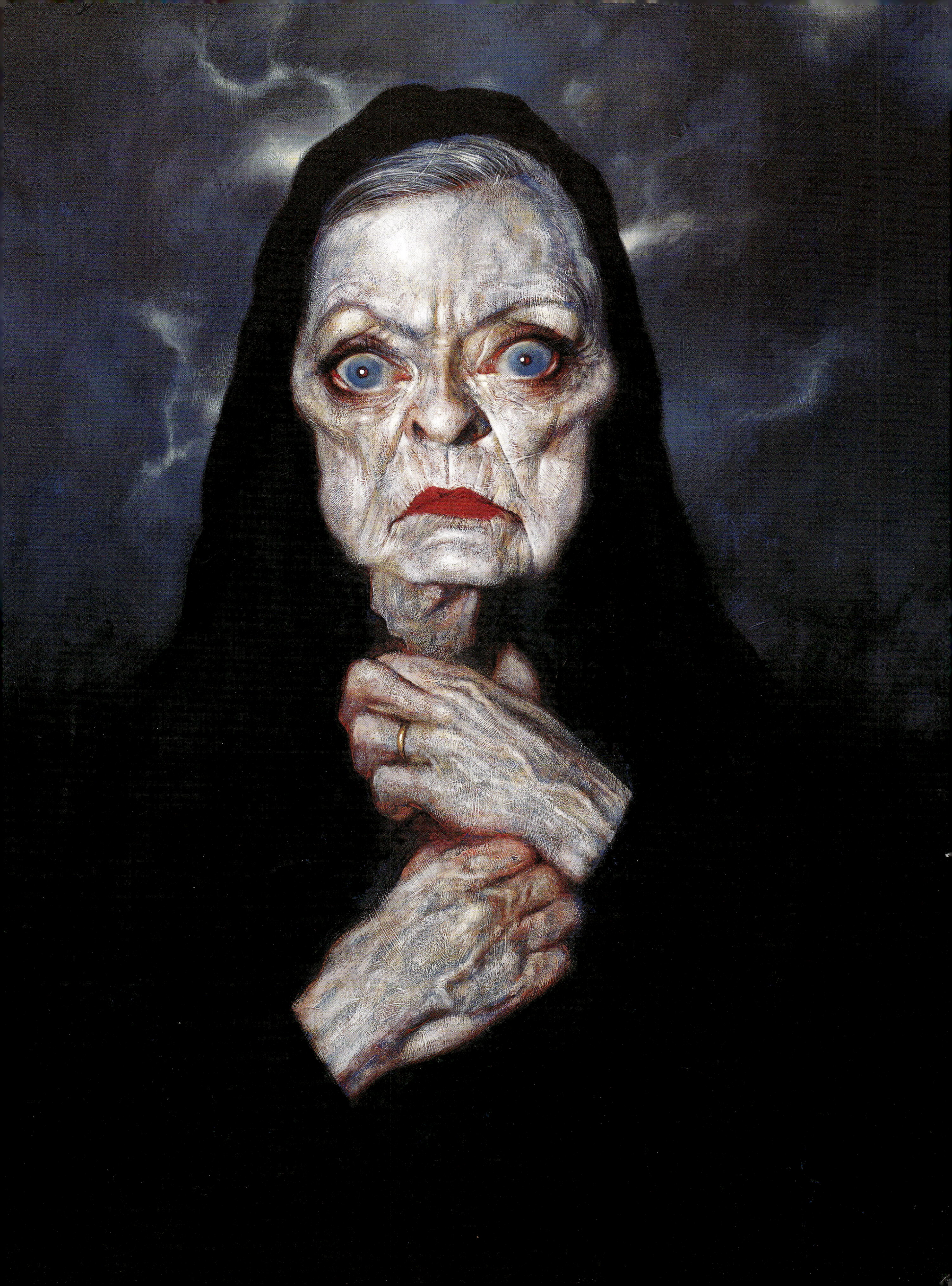

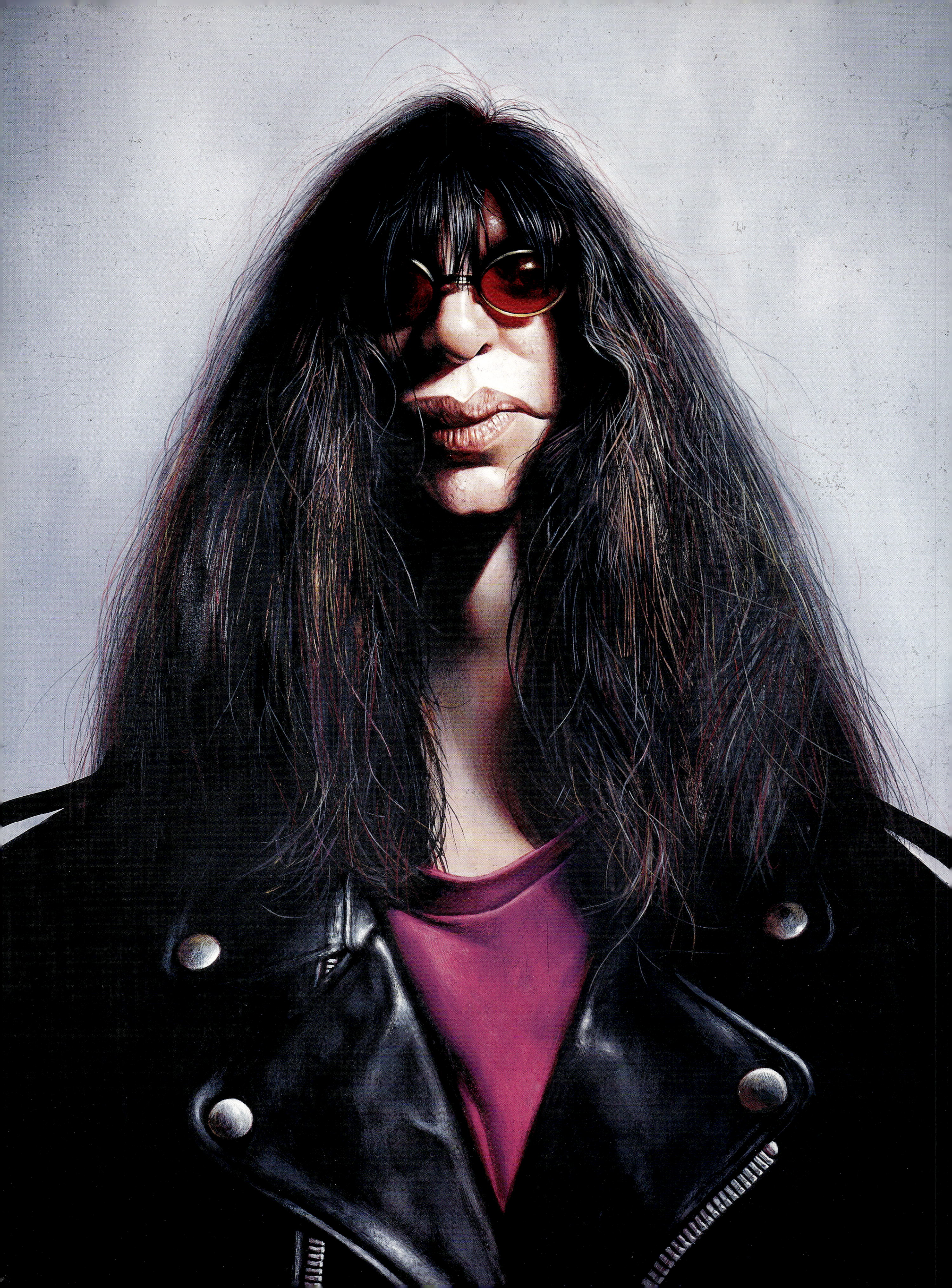

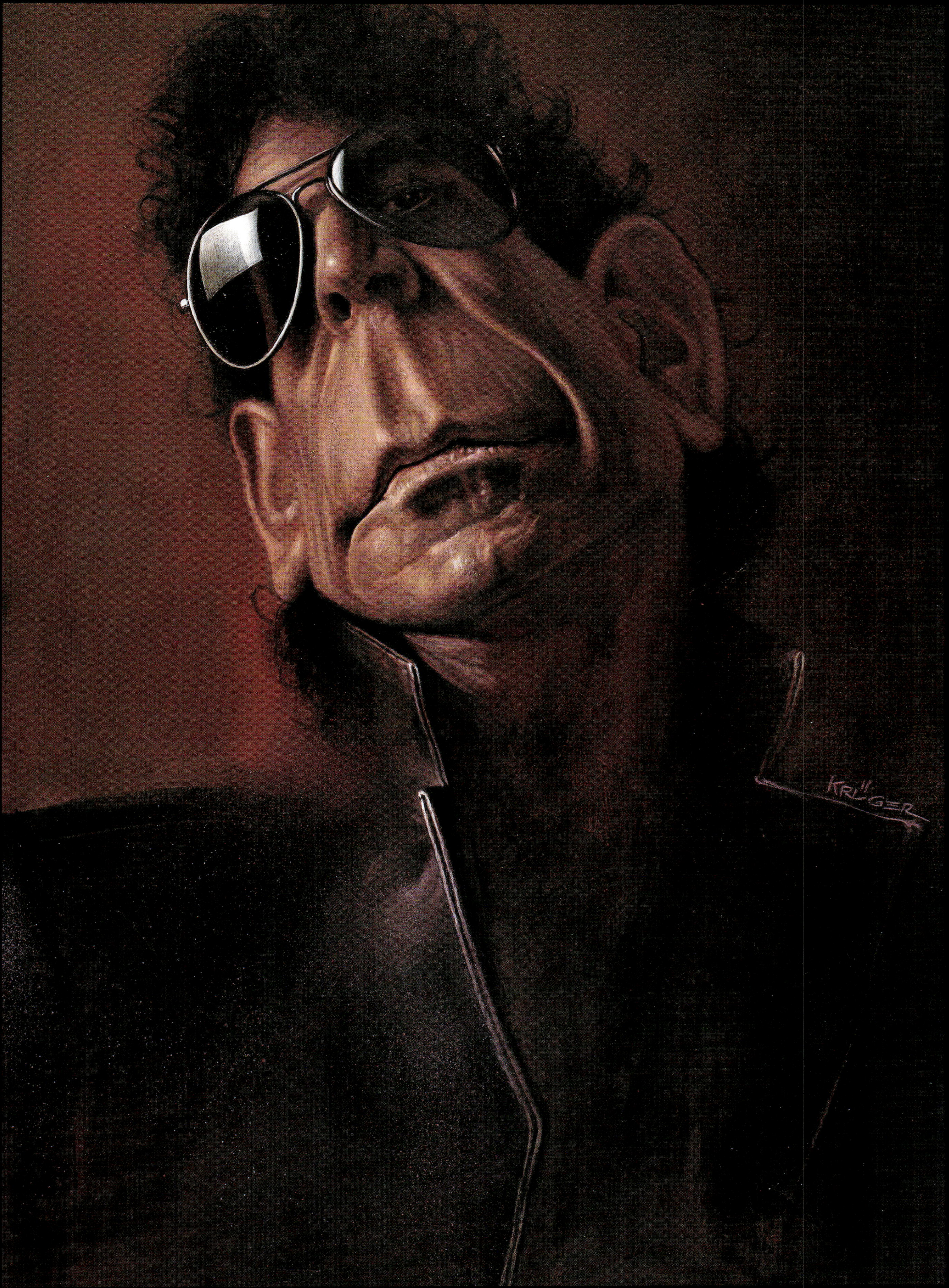
KRÜGER

Dornenrose

Songtramplady aus Texas, Hitchhiking nach San Francisco, Leben auf der tabulosen Wildbahn, »Get It While You Can«. Tausendkarätig ihre Bergwerkstimme, zu wertvoll für den Protest gegen das Spießertum. Drei Oktaven wußte sie zu zähmen, jede Melodie hätte sie zum Songfresko machen können. Aber sie sang nur von Dingen, die ihre harpunierte Seele aufwühlten, »A Woman Left Lonely«, »Cry Baby«, »Trust Me«. 1965 war sie on the road mit »Big Brother & The Holding Company«, dann immer wieder mit neuen Partnern. »The Kozmic Blues Band«, »The Full Tilt Boogie Band«. Aber ihr fester Begleiter war die Einsamkeit: »On stage I make love to 25'000 people – then I go home alone.« Am 5. Oktober 1970 wollte sie den Titel »Buried Alive in the Blues« einspielen, aber in der Partynacht davor stach sie ein Giftdorn zuviel. Herointod, lebendig begraben im Blues. Postum wurde das »Pearl«-Album veröffentlicht, mit ihrem größten Hit »Me and Bobby McGee«. Dann streift Bette Midler im Film »The Rose« zärtlich die Biographie der Dornenkönigin, deren Motto lautete: »Gettin' stoned, staying happy and having a good time.« Epilog: Zwei Monate vor ihrem Tod kaufte Janis einen Grabstein. Für ihr Idol Bessie Smith, der das weiße Establishment 1937 die Pflege im Spital verweigert hatte.

Janis Joplin
* Port Arthur, Texas, USA. 19. Januar 1943.
† Hollywood, USA. 4. Oktober 1970.

The Trumpet

Schwarz geboren, a fatherless child. Im Rotlichtbezirk Storyville von New Orleans verinnerlichte er den Musikgroove der Hinterhöfe, in den Honky-Tonk-Bars nippte er am Kelch aller Lüste. Spielte für eine Handvoll Dollars in Dance Halls, Vaudevilles, Variétés, an Bord der Showboote auf dem Mississippi. War Drummer, Perkussionist, Hornist. Doch die größte Passion wurde die Trompete. Und Louis war ihr zärtlichster Dompteur. Er galt als »streetwise«, er kannte das Leben und blies den Tücken des Daseins listig den Marsch. Und er wußte zu singen, mit einer erdkehligen Stimme voller Sinnlichkeit. Jazz, Gospel, Soul, Blues, Country. Gemeinsame Sache machte er mit Ma Rainy, Bessie Smith, Lionel Hampton, Duke Ellington, Miles Davis, Ornette Coleman – den Besten. Viele haben von ihm gelernt, und seine Jünger haben bis in die Urtiefen der Seele mitgefühlt, als Louis mit seinen zerfressenen Lippen und einem kaputtgeschlagenen Herzen Abschied nahm von dieser Welt. Mit einem Hitsong, der nichts war als Optimismus pur: »What a Wonderful World«.

Louis Daniel Armstrong, genannt »Satchmo«.
* New Orleans, USA. 4. Juli 1900?
† New York, USA. 6. Juli 1971.

Mighty Mouse

Sein Vater nannte ihn »Mr. Mouse«, im Kindergarten hieß er »Mike Stipe the Shining Light«. Geworden ist er zum Bannerträger des düster-genialsten US-Rock. Seine Gefährten sind Peter Buck, Mike Mills und Bill Berry. Aus einem raffinierten Sud von Sixties Rock und British New Wave haben sich die Klangkaskaden von »R.E.M.« (Rapid Eye Movement) entwickelt. Stipe aber ist der Motor, als Lyriker, als Sänger: »Radio Free Europe«. Und er ist Videoregisseur sowie Besitzer einer Filmproduktionsgesellschaft. Die Alben »Murmur«, »Out of Time«, »Automatic for the People« sind Objekte der Kultbegierde, und das Werk wird immer besser, dank einer simpel strukturierten Komplexität. Stipe und seine Gähnstimme voller Melancholie sind legendenträchtig. Genau wie seine Auftritte kontra Geschmack und Stil. Stipe wandelt unter dem Einfluß von Bob Dylan und Patty Smith, und »Songs in the Key of X« entstand im Teamwork mit William S. Burroughs. 1997 wird »New Adventures in Hi-Fi« gefeiert, aber »R.E.M.« haben das Ende der Band auf die Neujahrsnacht 1999 angekündigt. Wird sie zu schwer, die Ruhmeslast? Stipe: »I probably embody that whole idealism/cynicism conundrum that my generation and people younger than me carry.«

John Michael Stipe
* Decatur, Georgia, USA. 4. Januar 1960.

Janis Joplin, 1997, 100 x 70 cm

Louis Armstrong, 1992, 39 x 32 cm

John Michael Stipe, 1995, 70 x 50 cm

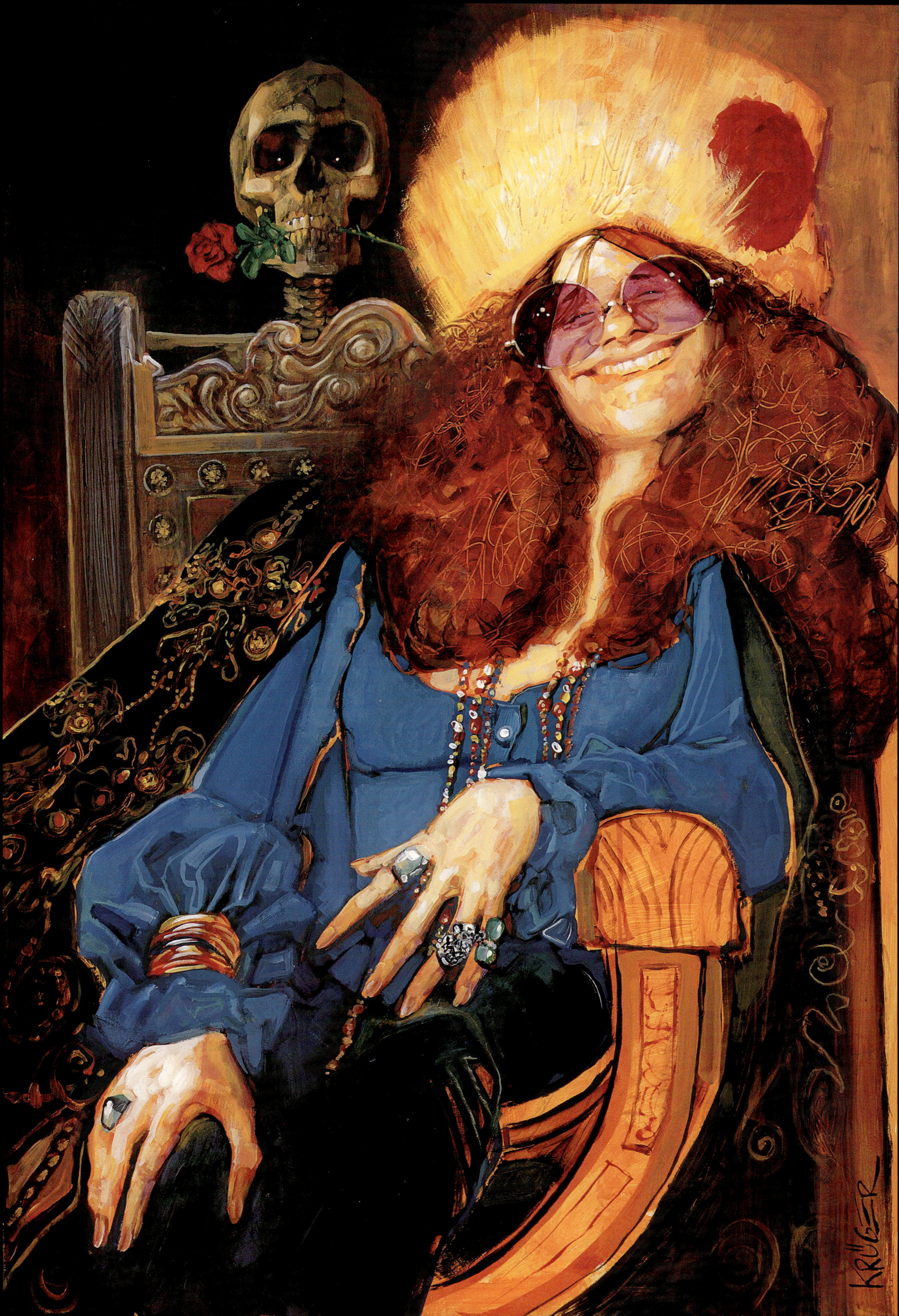
KRUGER

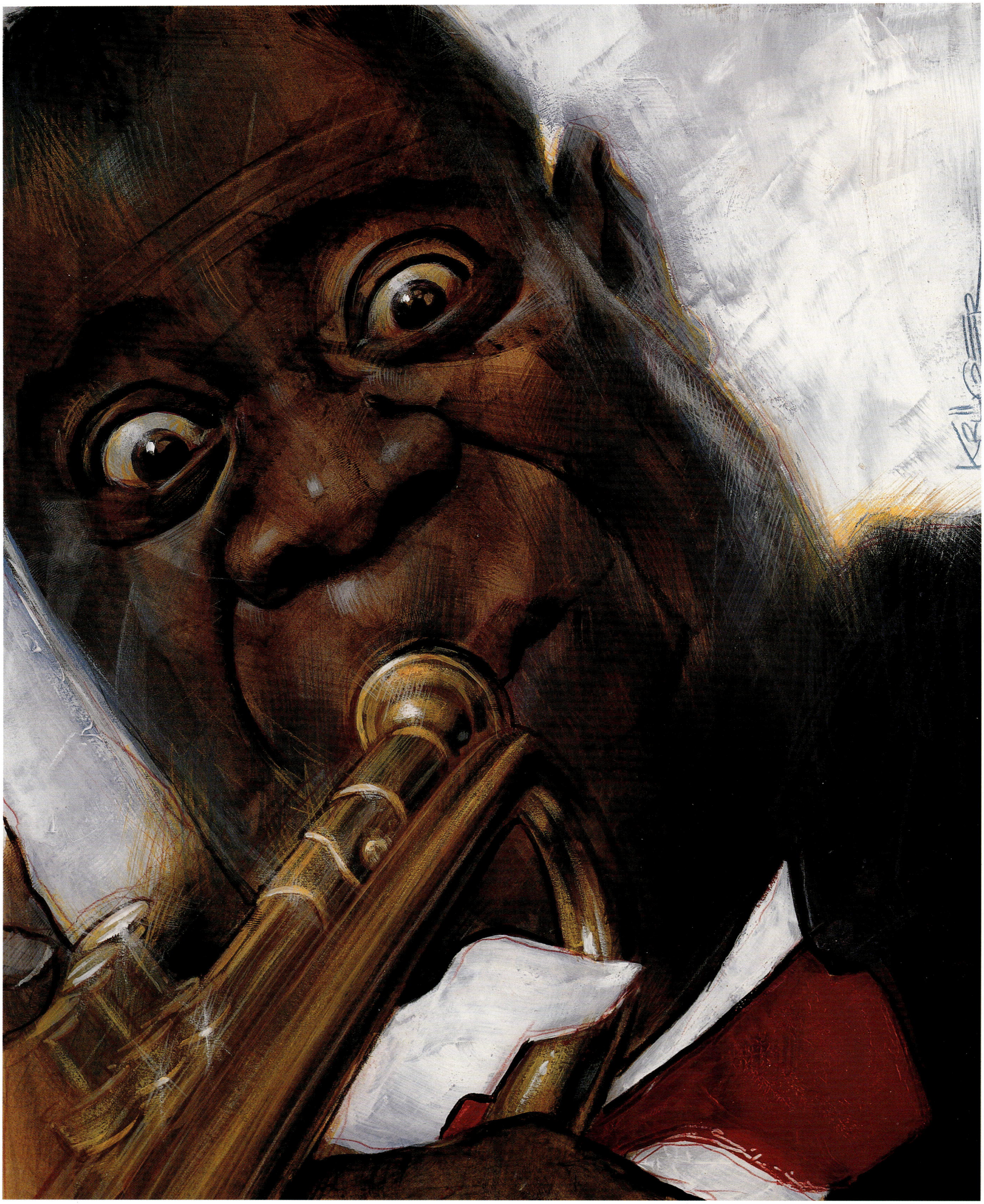

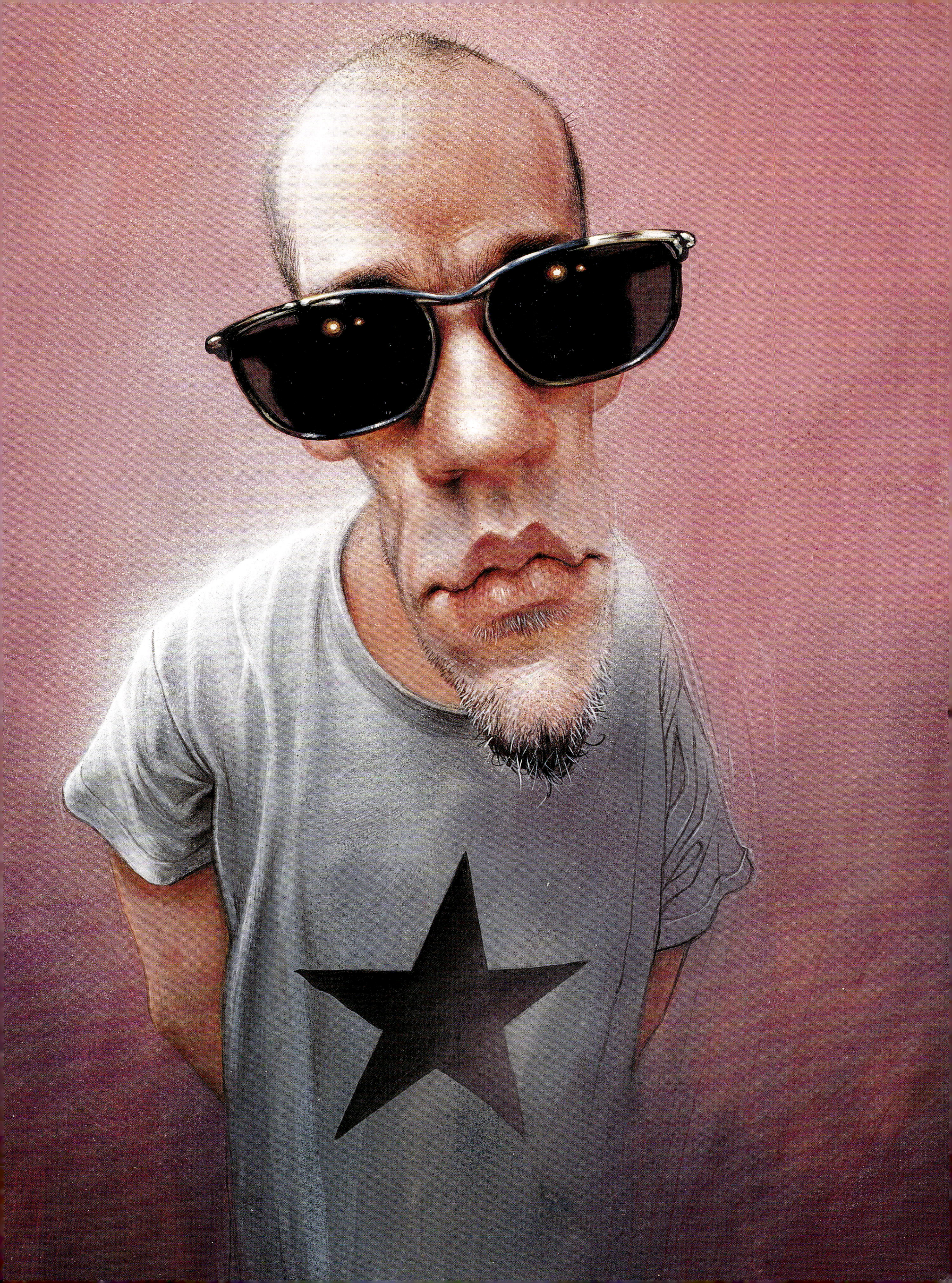

Appetite for Destruction

Geboren in Britannien, Daddy gestaltete für Joni Mitchell ein Plattencover, die farbige Mama entwarf Kostüme für David Bowie. Sohn Saul nennt sich längst schon Slash, schrammte in der Band »Roadcrew« in L. A. die Gitarre, prallte 1985 auf die Rotz-'n'-Roll-Wrackcombo »Gun's and Roses«. Der Höllenritt begann 1987. Anheizer für die Altvorderen, »Iron Maiden«, »Mötley Crüe«, »Aerosmith«, »The Rolling Stones«. Quickes Tourleben mit Bumsen, Saufen, Spritzen. Skandale. Bandboß Axl Rose wird polizeilich elektroschockbehandelt, Slash zur Entziehungskur auf Hawaii versandt. Das Debütalbum der Schockercombo »Appetite for Destruction« bringt schnellen Reichtum, 6 Millionen Kids kopulieren mit Axl Rose, Duff McKagan, Izzy Stradlin, Steven Adler und Slash. Das Satansquintett düst zu den Sternen, das Doppeldeckeralbum »Use Your Illusion I & II« wird ein Hitknaller: »Knockin' on Heaven's Door«, »Don't Cry«, »November Rain« sind Hymnen für die frühen neunziger Jahre. Doch Rockland ist abgebrannt, die Original-Gunners scheinen ausgelaugt. Slash spielte jüngst für Lenny Kravitz, Michael Jackson, Alice Cooper, Bob Dylan. Und quetschte auf seine Soloscheibe »Slash's Snakepit« den Hoffnungswortfetzen: »Good to be Alive.«

Saul Hudson, genannt

Slash

* Stoke-on-Trent, GB. 23. Juli 1965.

Changes Bowie

Er ist der Großwesir unter den Popimitatoren, der schrillste Buntspecht im Dschungel des Rockbiz. Stets in Bewegung, immer im Wandel. Als dünnbleicher Jüngling hat er im Werbefach gelernt, die Gitarre gezupft, das Tenorsaxophon liebkost. Ist einem tibetischen Guru angehangen. Und das Glamourgenie von Marc Bolan, Judy Garland, Frank Sinatra wurde ihm zum frühen Maßstab der eigenen Kreativität. Als der Mond betreten wurde, sang er mit dem Album »Space Oddity« gegen die schale Love-and-Peace-Herrlichkeit an, und seine »Ziggy Stardust«-Liveshow wurde zum Leitpfad für die Vermarktung der Popkultur. Auch er ließ sich von der Drogenkobra betören, hexte mit dem Synthesizertüftler Brian Eno, schwänzelte mit Mick Jagger durch das Video »Let's Dance«, posierte sogar mit Marlene Dietrich im Film »Just a Gigolo«, rockte mit Iggy Pop, produzierte für Lou Reed den Kulthit »Walk on the Wild Side« und mimte im Film »Basquiat« sein Idol Andy Warhol. Er ist der König David des Pop, schlägt jeden Goliath aus dem Feld, von »Aladdin Sane« bis »Heroes«. Androgyn, schlitzohrig, selbstbewußt, geschäftstüchtig: »Es gibt die alte Welle, es gibt die neue Welle, und es gibt David Bowie.«

David Robert Jones, genannt

David Bowie

* London, GB. 8. Januar 1947.

Keef Riffhard

Den Grand Canyon hat das Leben ihm ins Gesicht geschnitzt, die Hände sind noch immer ultrapräzis wie der Angriff einer Kobra. Doktor Keith und Mister Richards sagen: »If I'm a guitar hero, I never really entered the competition – I forgot to fill in the application form.« Dreißig Jahre dabei, gegen alle Tode immun. "You've got the sun, you've got the moon and you've got ›The Rolling Stones‹.« Er ist Herz, Generator, Spiritus rector der grandiosesten Rock-'n'-Roll-Band hienieden. Sein Stil ist so unvergleichlich wie seine Vita monströs. Chuck Berry mag ihm als Idol gelten, doch er ist längst sein eigenes. Genial seine Songskulpturen in »Honky Tonk Woman«, »Start Me Up«, »Can't You Hear Me Rocking« und so fort. Keith und seine »5-String Fender Telecaster« oder die »Fender Twin« bilden Traumkombinen, klangrasseln wie Stalinorgeln der Rockwahrheit. Keith und »The Rolling Stones«, das ist das Altamont-Festival, das ist »Voodoo Lounge«, das ist »Sister Morphine« and many more. Keith ist Quelle, reißender Fluß und Prinzip Hoffnung für Steine, die rollen wollen: »Getting old is a fascinating thing. The older you get, the older you want to get.«

Keith Richard(s)

* Dartford, Kent, GB. 18. Dezember 1943.

Slash, 1996, 100 x 65 cm

David Bowie, 1994, 100 x 70 cm

Keith Richards, 1995, 100 x 70 cm

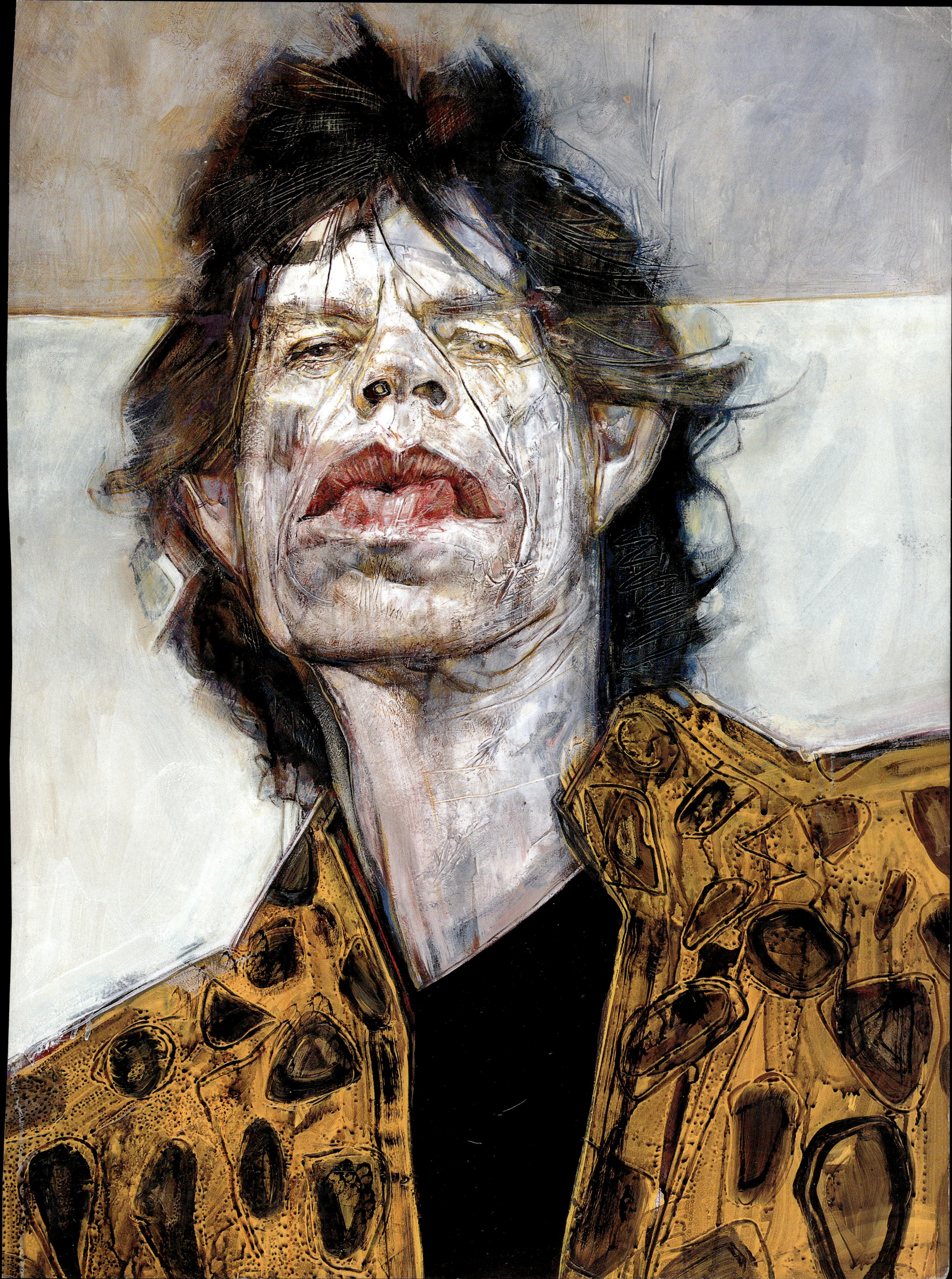

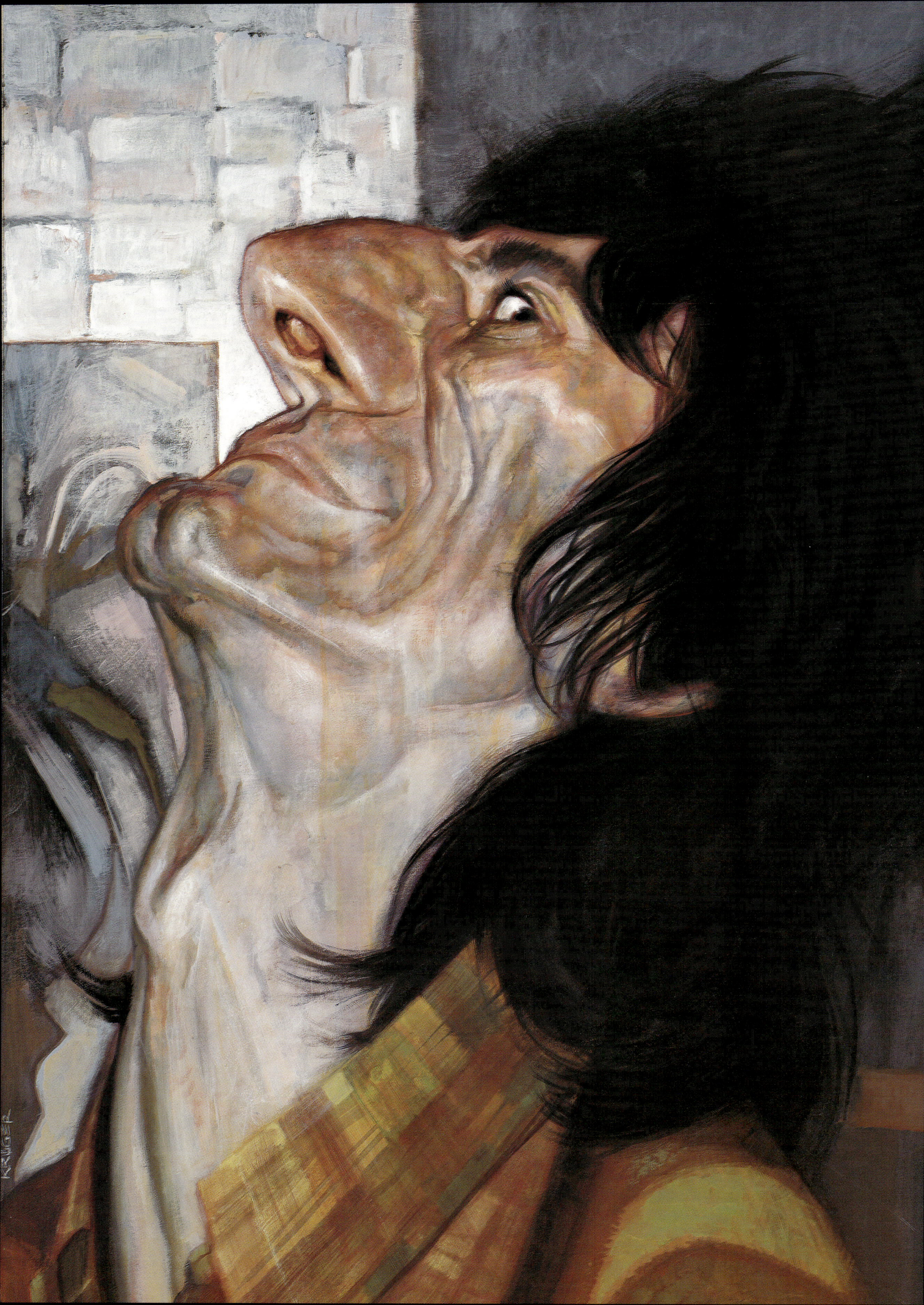

DAVID